LA VIE

MODE DE MOUVEMENT

ESSAI D'UNE THÉORIE PHYSIQUE

DES PHÉNOMÈNES VITAUX

PAR

E. PRÉAUBERT

PROFESSEUR AU LYCÉE D'ANGERS
PRÉSIDENT DE LA SOCIÉTÉ D'ÉTUDES SCIENTIFIQUES D'ANGERS
MEMBRE DE LA SOCIÉTÉ FRANÇAISE DE PHYSIQUE, ETC.

PARIS

ANCIENNE LIBRAIRIE GERMER BAILLÈRE ET Cie
FÉLIX ALCAN, ÉDITEUR
108, BOULEVARD SAINT-GERMAIN, 108

1897

LA VIE

MODE DE MOUVEMENT

LA VIE

MODE DE MOUVEMENT

ESSAI D'UNE THÉORIE PHYSIQUE

DES PHÉNOMÈNES VITAUX

PAR

E. PRÉAUBERT

PROFESSEUR AU LYCÉE D'ANGERS
PRÉSIDENT DE LA SOCIÉTÉ D'ÉTUDES SCIENTIFIQUES D'ANGERS
MEMBRE DE LA SOCIÉTÉ FRANÇAISE DE PHYSIQUE, ETC.

PARIS

ANCIENNE LIBRAIRIE GERMER BAILLÈRE ET Cie
FÉLIX ALCAN, ÉDITEUR
108, BOULEVARD SAINT-GERMAIN, 108

1897

AVANT-PROPOS

Depuis 1878, j'ai communiqué, à diverses reprises, à la Société d'Études scientifiques d'Angers les résultats de recherches tendant à élucider la signification véritable de la vie, à établir ses connexions avec les forces du monde physique et à montrer que la biologie est essentiellement une question de mécanique.

En réunissant ces matériaux, j'ai tenté, dans le travail actuel, l'essai d'une théorie physique des phénomènes vitaux. Cette théorie repose sur les deux propositions fondamentales suivantes : 1° la vie est une modalité de mouvement particulaire; 2° la vie a pour substratum, non pas la matière pondérable, mais l'éther ; elle possède, en conséquence, des affinités très étroites avec l'électricité et le magnétisme.

Je me suis efforcé de démontrer que cette interprétation est seule capable de rendre un compte exact de *l'universalité des phénomènes biologiques et de faire cadrer définitivement la vie dans le concert des forces qui gouvernent la matière* [1].

E. Préaubert.

Angers, le 2 mai 1897.

[1] Ce travail a été présenté à la Société d'Études scientifiques d'Angers dans la séance du 6 mai 1897 et est extrait du bulletin publié en 1897, nouvelle série, XXVIe année.

LA VIE

MODE DE MOUVEMENT

ESSAI D'UNE THÉORIE PHYSIQUE DES PHÉNOMÈNES VITAUX

CHAPITRE I

Introduction.

Le problème de la nature intime de la vie et de son origine est un de ceux qui, au plus haut degré, ont excité la curiosité de l'homme, depuis le jour où sa pensée s'est élevée au-dessus de la satisfaction immédiate de ses besoins naturels.

Le spectacle de cet inconnu terrible, la mort, plus encore, peut-être, que celui des forces physiques, l'a porté à enfanter des systèmes explicatifs divers. Longtemps il s'en est contenté, un peu comme l'enfant se contente de récits légendaires. Mais enfin, son esprit, devenu adulte, a cherché à se rendre un compte exact des choses : le germe de la science était dès lors en préparation. Issue des traditions de l'antiquité, c'est seulement à la Renaissance qu'elle prend son essor définitif.

On n'hésite plus à rechercher dans la structure et les propriétés intimes de la trame des êtres vivants le secret des manifestations vitales : l'anatomie et la physiologie sont créées.

Parallèlement se développent la physique et la chimie dont les découvertes viennent jeter une vive lumière sur une foule de phénomènes biologiques. On reconnaît ainsi que la plupart d'entre eux sont réductibles à des questions de mécanique moléculaire : ainsi la digestion est une transformation chimique, réalisable en dehors de l'organisme ; l'absorption, la respiration, la sécrétion sont des phénomènes osmotiques ; la circulation est comparable au jeu des pompes ; le fonctionnement des muscles et des os devient une question de dynamique ; l'œil est un instrument d'optique ; l'oreille un appareil d'acoustique, etc.

L'être vivant est, pour ainsi dire, démontable en une série de mécanismes merveilleusement appareillés et fonctionnant avec une harmonie parfaite. Mais, il ne faut pas s'y méprendre, il n'est pas que cela. Entre tous ces mécanismes existe un lien commun que la mort détruit brutalement. Le cadavre n'est pas autrement construit que l'être vivant et, cependant, il est à jamais chose inerte. Ce lien c'est la vie, et le problème reste encore impénétrable.

Cependant un grand progrès, un acheminement à la solution va s'accomplir grâce au microscope : c'est la théorie cellulaire ; tout être vivant est formé de cellules et dérive de la division cellulaire. Quelle que soit sa complication définitive, il n'est que l'amplification de ce microcosme primordial, la cellule initiale, l'œuf.

La question se simplifie et, si elle n'est pas résolue pour cela, elle apparaît cependant plus abordable : la cellule seule est désormais en jeu.

Malgré cette simplification, on se heurte toujours au même obstacle ; les propriétés du protoplasme cellulaire ne peuvent s'expliquer par le seul jeu de forces régissant le monde minéral ; on est encore obligé d'admettre une force spéciale, plus distincte, peut-être, des précédentes qu'elles ne le sont entre elles.

Les travaux de savants modernes ont dévoilé entre les forces du règne minéral des relations étroites et nécessaires : le magnétisme se rattache à l'électricité, celle-ci et la lumière ne font plus qu'un, la chaleur devient un mouvement, etc., et un plan d'ensemble se dessine de plus en plus clairement dans les manifestations du monde physique.

Doit-on renoncer à voir jamais les phénomènes vitaux prendre leur place naturelle dans ce plan d'organisation de la matière et trouver leur explication rationnelle dans la mécanique universelle ?

Évidemment non ! Les phénomènes vitaux sont nettement définis et suffisamment connus actuellement. De toute part ils ont des attaches avec les phénomènes du monde non vivant ; il doit logiquement exister un lien entre eux ; il est inadmissible qu'on ne puisse les expliquer les uns par les autres et établir définitivement leur filiation. Il est, du reste, indéniable que le problème de la vie se rattache de toute nécessité à celui de l'organisation de la Nature tout entière et *n'est qu'un cas particulier de la cosmogonie universelle.*

Avant d'aborder ce problème, établissons une remarque d'une importance extrême dans le développement des connaissances humaines ; c'est celle-ci : assez fréquemment une simple idée, une observation fortuite, une expérience par elle-même sans grande signification, ont été le point de départ d'une branche nouvelle de la science, de telle façon qu'il semble nécessaire que l'esprit humain passe par là pour que le progrès ultérieur s'en suive.

Ainsi la propriété de l'ambre frotté, reconnue par Thalès de Milet, est devenue la clef de l'électricité statique ; l'expérience de la grenouille de Galvani a été la clef des phénomènes hydro-électriques ; celle d'Œrstedt est devenue la clef des relations du magnétisme et de l'électricité ; la découverte de l'anneau de Gramme a ouvert l'ère des applications pratiques des machines d'induction, comme l'introduction rationnelle de la balance, entre les mains de Lavoisier, avait ouvert les voies de la chimie moderne. On pourrait multiplier les exemples.

En bonne logique, il doit en être de même dans l'étude des phénomènes vitaux. Nous établirons bientôt que la connaissance de la vie est intimement subordonnée à celle de la mort[1] ; ce qui nous permet, par anticipation, de formuler la proposition suivante :

La clef de la Vie, c'est la Mort !

---

[1] On sait que Claude Bernard a dit (*Leçons sur les phénomènes de la vie*, p. 41) : *La vie, c'est la mort.* Sous une forme un peu paradoxale, cette proposition dénonce clairement l'intervention nécessaire de la mort partielle dans toutes les manifestations de la vie active.

La mort, en effet, est à la portée de tout expérimentateur, tandis que l'origine de la vie est obscure et
controversable. La mort est le contrepied de l'apparition de la vie ; qui connaît l'une doit soupçonner
l'autre. C'est par la mort qu'il faut commencer l'étude
de la vie.

L'énigme de la vie n'est pas plus indéchiffrable que
les autres énigmes que l'homme a déjà révélées. Et
qui sait si son véritable rôle dans le plan de la création n'est pas précisément de les dévoiler ?

Pour atteindre ce but, il y a une certaine marche à
suivre, qui n'apparaît pas immédiatement aux regards,
mais résulte de recherches longues et patientes.

Puisse ce travail battre en brèche la citadelle répu-
tée jusqu'ici inexpugnable !

CHAPITRE II

Hypothèses relatives à la vie.

Les hypothèses relatives à la cause première de la vie sont de trois sortes : métaphysique, chimique et physique.

L'hypothèse métaphysique ou animisme, vitalisme, spiritualisme, voit dans la vie un principe distinct de la matière, capable de la pénétrer et de la mettre en mouvement. C'est la plus ancienne ; elle s'est présentée tout naturellement à l'homme à la vue de la mort. Le contraste est si saisissant entre l'être vivant et le cadavre qui, cependant, n'est pas construit autrement, qu'il lui sembla logique de croire que quelque chose en était parti, quelque chose d'une essence différente de la matière et plus subtil, puisque aucune propriété physique proprement dite n'était modifiée dans le cadavre; quelque chose comparable au souffle du vent, ἄνεμος, *anima, spiritus*, l'âme, l'esprit.

On est obligé de reconnaître que, à prendre les choses en bloc, cette hypothèse concorde assez bien avec les faits observés, et il n'est pas étonnant qu'elle ait compté et compte encore un nombre considérable de partisans.

Que faut-il en penser scientifiquement?

A mon avis, il faut tout de suite insister sur ce que la majeure partie de phénomènes naturels a pour substratum l'éther, et que leur production ne modifie en rien ni le poids, ni les autres propriétés générales de la matière; tels sont ceux qui se classent dans les chapitres de la pesanteur, de la lumière, de l'électricité, du magnétisme, de la cohésion, de l'affinité chimique. Dès lors il n'y a rien d'illogique à penser que la vie ne soit une manifestation du même ordre. Remplacez dans la théorie métaphysique le principe immatériel par l'éther, et tout rentre dans les lois fondamentales du monde physique, tout s'explique, comme nous l'exposerons dans la suite.

L'erreur, du reste, est facile à comprendre ; l'éther est si subtil, si profondément différent de la matière condensée, que, dans un premier aperçu des choses, on peut se méprendre et ne discerner chez lui que sa puissance d'action, en négligeant sa substance même. N'est-ce pas, du reste, l'agent impondérable des anciens physiciens?

Dans cette manière de voir et conformément à la pensée antique, le corps n'apparaît plus que comme le support, comme l'enveloppe qui recèle une puissance supérieure.

La conception métaphysique aura, du reste, servi de précurseur à la théorie physique de la vie *mode de mouvement*, tout comme l'hypothèse du calorique, sorte de conception également extra-matérielle, a précédé la théorie moderne de la chaleur *mode de mouvement*.

L'hypothèse chimique ou chimisme [1] consiste à admettre que la vie peut trouver son explication dans les propriétés de la matière pondérable.

Elle repose sur cette observation que la vie ne peut subsister que dans certains corps très spéciaux, de composition très complexe, les corps albuminoïdes. Mais tout corps albuminoïde n'étant pas nécessairement animé, on explique cette différence en admettant que, dans des conditions à déterminer du reste, ces substances offriraient une mobilité toute particulière de composition, une instabilité incessante qui serait le principe même de la vie.

Cette interprétation, particulièrement chère aux chimistes et adoptée également par les physiologistes, ne saurait livrer les clefs de la place, et il est facile de la convaincre d'impuissance. D'abord cette mobilité incessante de structure du protoplasme ne peut s'expliquer par le jeu des forces chimiques qui, conformément à la loi des proportions définies, tendent à

---

[1] Le matérialisme n'est que la forme philosophique de cette même doctrine, en tant que la vie est attribuée seulement à la matière condensée, pondérable, l'éther n'étant pas mis en cause.

Le matérialisme est certainement à côté de la vérité en attribuant la vie à la matière chimique, mais il a raison d'en faire un des attributs de la matière. Le spiritualisme est dans le vrai en disant que le principe de la vie est distinct de la matière qui tombe immédiatement sous nos sens, mais il a le grand tort d'en faire un principe immatériel. *In medio stat verum.*

la formation de composés nettement tranchés et distincts ; il faut donc qu'une force autre que l'affinité intervienne ici.

D'ailleurs, les états d'équilibre instable d'ordre statique, tant en physique qu'en chimie, n'ont généralement qu'une existence limitée ; à un moment donné, sous la pression des forces naturelles, tout rentre dans l'ordre normal. Signalons dans ce genre la surfusion, la sursaturation, la surchauffe d'une part et, d'autre part, les corps instables, éphémères, tels que l'ozone, l'eau oxygénée, les composés explosibles, etc. Il n'en est plus de même si nous passons de la statique à la dynamique. Tout corps en mouvement est plus ou moins en équilibre instable, pour peu que ses liaisons viennent à se modifier : une voiture peut verser, un train peut dérailler, un volant, une meule peuvent éclater. Malgré cela, l'équilibre peut se maintenir indéfiniment, parce que le mouvement possède en lui-même une cause de redressement, de rectification : l'équilibre instable d'un cycliste au repos se transforme par le mouvement en équilibre relativement stable.

Les corps de la chimie sont des exemples d'équilibre statique. Ils se conservent intacts, ou bien passent plus ou moins brusquement d'un système d'équilibre à un autre, après quoi tout est fini, tout rentre dans le repos et on ne prévoit pas pourquoi ils se remettraient en mouvement. Si la vie était d'ordre chimique, elle ne ferait qu'apparaitre par intermittence, pour disparaitre presque aussitôt.

Au lieu de cela, la vie a franchi, sans interruption

jusqu'à nous, la série des âges antérieurs, et elle possède, en définitive, une puissance de résistance considérable. Cela est, chimiquement parlant, incompréhensible.

D'autre part, peut-on dire que la mort ait une signification en chimie? Est-ce que l'oxygène, l'hydrogène meurent? Est-ce que un alcool, une aldéhyde, une amine, un corps quelconque, tant compliqué soit-il, subissent la mort? A la vérité, dira-t-on, la vie est comparable à une réaction chimique, à la combustion d'une flamme qui, fatalement, ont une fin. Ce serait déjà avouer implicitement que la vie est un mouvement, car une réaction chimique est un mouvement. Mais on ne serait pas tiré d'embarras pour cela. Car, comment expliquer que des spores, des graines, des animaux, des végétaux desséchés et devenus inertes ou conservés indéfiniment à basse température, peuvent ensuite se ranimer ; tandis que, lorsqu'ils sont morts, c'est-à-dire devenus uniquement des corps chimiques, il n'en est plus de même. Ils possédaient donc autre chose qu'une faculté chimique, autre chose que la mort a détruit.

Les corps chimiques se combinent, se décomposent, se transforment, mais ne meurent pas. Un mouvement, au contraire, peut s'éteindre, peut mourir.

C'est que la vie est un équilibre d'ordre dynamique et non un équilibre d'ordre statique, comme le sont les corps de la chimie.

Le nombre des espèces actuelles est considérable. Si on y ajoutait toutes celles qui ont disparu, on arriverait à un total effrayant et, malgré tout, la composition de la matière protoplasmique est sensiblement la même chez tous les êtres vivants. Comment concilier cela avec l'hypothèse chimique ?

Les chimistes sont parvenus à synthétiser des corps touchant de près aux albuminoïdes, mais sans arriver à résoudre le problème de la vie, ni même apercevoir quelque piste à suivre avec succès. A bien prendre les choses, leur thèse n'est qu'une reprise déguisée de la théorie de la génération spontanée qui a été anéantie par les travaux de Pasteur. Ils ont, en effet, avec les hétérogénistes, ce point commun de s'obstiner à vouloir faire surgir la vie des composés de la chimie organique.

Or, il est bien certain qu'au début de la vie, lorsque la terre sortait à peine de l'état de fournaise primitive, il n'y avait à sa surface ni corps organique, ni substance de culture, comme celles des laboratoires. Et, cependant, la vie s'est implantée puissamment.

D'où venait-elle ? Ce n'est assurément pas de la chimie organique. « La biologie n'est pas la suite de la chimie organique[1]. » Pour être dans le vrai, il convient de renverser la proposition et de reconnaître que c'est la vie qui a créé la plupart des corps organiques. Il n'y a pas bien longtemps, du reste, avant l'ère des synthèses artificielles, on ne leur connaissait pas d'autre origine.

Ajoutons encore qu'il n'existe aucune ressemblance entre les modes de groupements imposés à la matière pondérable par les forces chimiques et par la vie. Les

[1] Ed. Perrier. *Les Colonies animales*, 1881, p. 42.

premières impriment à la matière une structure très spéciale, une architecture très stricte se traduisant par les formules des chimistes et par l'édification des formes de la cristallisation dont les lois rigides n'admettent pas d'à peu près, ni d'évolution. La vie, au contraire, modèle la matière dans la *forme organisée* dont la plastique ne connaît aucune limitation et dont la fécondité défie toute prévision. Il est clair comme le jour qu'une cause tout autre que l'affinité et la cohésion intervient ici.

La vie n'aurait jamais pris un si prodigieux développement si elle n'était qu'un hasard de combinaisons chimiques. La vie tient d'infiniment plus près au cœur même de la Nature.

En résumé, l'hypothèse chimique est une impasse dans laquelle tout effort d'éclaircissement doit nécessairement échouer. Ce n'est pas à dire pour cela qu'il faille nier l'importance de la chimie biologique ; mais il faut bien reconnaître que les forces chimiques sont ici subordonnées à la puissance vitale, et non dominatrices.

Nous arrivons enfin à l'hypothèse physique qui voit dans la vie un mode de mouvement, et à laquelle nous nous rallions sans hésitation.

Il s'agit, bien entendu, d'un mouvement élémentaire mettant en jeu les particules les plus ténues de la matière. Cette thèse a déjà été indiquée par divers savants, et je ne saurais mieux faire que de résumer les arguments en sa faveur que M. Ed. Perrier a mis en lumière d'une façon remarquable dans *les Colonies animales* [1].

D'abord, c'est la persistance de l'individualité malgré le changement continuel des éléments chimiques qui composent sa trame ; le mouvement seul peut expliquer une pareille persistance, le mouvement initial pouvant se communiquer sans altération aux nouveaux éléments chimiques qui entrent incessamment en action.

C'est ensuite la faculté d'évolution.

Comment expliquer, par le jeu de combinaisons chimiques, les transformations successives et continues qu'ont dû subir les êtres à partir de leurs formes primitives, depuis le début des temps géologiques, pour arriver jusqu'à nous sous leurs formes actuelles? Il n'y a que les mouvements qui, sans perdre leurs qualités initiales, peuvent ainsi conserver la trace de toutes les modifications qu'ils ont progressivement subies.

Le développement embryogénique de l'œuf, que l'on a comparé à l'évolution phylogénétique de l'être vivant durant les âges antérieurs, ne peut s'expliquer par des différences de composition chimique ; car le protoplasme est sensiblement constitué par les mêmes albuminoïdes chez tous les êtres. Il se comprendra facilement, au contraire, si l'on admet que les mouvements élémentaires que recèlent les molécules protoplasmiques ont subi dans le cours du passé des modifications successives de groupement et que chaque

---

[1] Ed. Perrier. *Loc. cit.*, p. 37 et suiv.

groupement nouveau va, dans le développement de l'embryon, jouer le rôle d'un document, d'une pièce officielle, pour déterminer la forme définitive que doit revêtir l'être adulte.

Ainsi tous les germes, tous les œufs, au début, ont une même structure, une même composition chimique ou sensiblement, et cependant leur développement donne naissance à des êtres totalement différents ; c'est que le protoplasme renferme en puissance, sous forme de mouvements documentaires, toute l'histoire en abrégé de l'ancêtre producteur de l'œuf.

Une autre distinction profonde du protoplasme d'avec un composé purement chimique est le fait de la limitation de taille de la cellule, tandis que l'accroissement est indéfini chez le corps minéral. Cela indique que les molécules centrales, malgré l'identité, ou peu s'en faut, de composition chimique, ne sont pas dans le même état *dynamique* que les molécules superficielles et que des conditions *mécaniques* spéciales caractérisent le contenu cellulaire.

A ces arguments énoncés par l'auteur des *Colonies animales* on peut en ajouter d'autres dans un ordre d'idées tout différent.

Beaucoup de physiologistes et de physiciens, à commencer au moins par Galvani, ont pressenti l'existence de relations intimes entre la vie, l'électricité et le magnétisme. Or, ces forces sont considérées comme des manifestations extérieures des mouvements localisés dans l'éther. Étant donné que les diverses manifestations que peut fournir un même corps, un même substratum, ont nécessairement entre elles des connexions très étroites, il n'est donc nullement illogique d'admettre que la vie ne soit elle-même une modalité de *mouvement* de la substance la plus subtile, c'est-à-dire, de l'éther.

Ces considérations ne sont pas, du reste, les seules qui plaident en faveur de l'explication dynamique des phénomènes vitaux ; il existe encore une autre catégorie de preuves *à posteriori*. Une théorie vraie doit, en effet, non seulement expliquer tous les faits connus, mais en outre en faire prévoir d'autres qui, moins apparents, ont pu échapper aux investigations antérieures. C'est ainsi qu'en optique la théorie des ondulations a triomphé définitivement de celle de l'émission.

Or, admettre que la vie est un mouvement, a pour corollaire immédiat de conclure à l'existence d'*une énergie de vitalité*; car tout mouvement correspond à une certaine somme d'énergie. La constatation d'une semblable propriété est un argument d'une importance capitale ; ce sera la clef de voûte de la théorie que nous allons développer.

CHAPITRE III

La Mort et l'Énergie de vitalité.

La mort est l'anéantissement absolu et irrévocable du mouvement vital; c'est la dissipation d'une puissance vive qui faisait de l'être vivant une unité distincte du monde minéral.

Or, en vertu du principe de la conservation de l'énergie, un mouvement, de quelque nature qu'il soit, ne peut disparaître sans qu'en son lieu et place n'apparaisse immédiatement une autre manifestation dynamique exactement équivalente. En d'autres termes, il doit exister *une énergie latente de vitalité*, qui est libérée par la mort[1].

Comme, en règle générale, le passage de la vie à la mort n'est accompagné d'aucun travail extérieur, cette énergie doit, en dernière analyse, se retrouver

---

[1] Il importe de remarquer que cette conception d'une énergie de vitalité est indépendante de la nature du substratum, éther ou matière pondérable, auquel on attribue la vie. Elle s'imposerait aussi bien dans l'hypothèse qui veut voir dans la vie un jeu de forces chimiques. En effet, conférer aux particules de la matière vivante des propriétés dynamiques, différentes de celles de la matière ordinaire, c'est leur reconnaître implicitement une énergie intrinsèque que la mort dissipe.

tout entière dans un dégagement de chaleur. En conséquence, *la mort doit être accompagnée d'une restitution de calorique.*

On peut arriver à la même conclusion par une autre voie. Si l'on cherche dans le monde physique une modification de la matière qui ait quelque analogie avec la mort, on est amené à songer aux changements d'états physiques des corps. La mort est incontestablement un changement d'état intime de la matière et avec perte. Au lieu de cet ensemble étonnant de sensibilité et de motricité, nous ne voyons plus, après la mort, qu'un corps inerte où seules les forces du monde minéral persistent désormais.

N'y a-t-il pas là une ressemblance frappante avec cette perte de mobilité extrême que subit la matière en se condensant de l'état gazeux à l'état liquide, ou encore, à un moindre degré, celle qu'elle subit une seconde fois en passant à l'état solide? Or, nous savons que, dans les deux cas, il y a dégagement de chaleur, libération de l'énergie latente de transformation. En d'autres termes, la vie nous apparaît comme un équilibre essentiellement endothermique, et *la mort* comme *la restitution de l'énergie latente de vitalité.*

Il est bien évident, d'ailleurs, qu'un équilibre exothermique, c'est-à-dire, qui nécessiterait une absorption de chaleur pour se détruire, serait incapable de manifestations dynamiques extérieures; tandis qu'un système endothermique trouve en lui-même, par une destruction partielle ou totale, la source même de ces manifestations.

3

Je ne fais, du reste, qu'exprimer ici, sous une forme scientifique, une conception qui remonte aux temps les plus reculés. En présence de la mort, l'homme s'est pris à croire qu'il sortait de l'individu qui s'éteint une certaine puissance vive qui l'animait un instant avant ; son imagination inquiète et portée au merveilleux dota cette puissance vive de facultés surnaturelles.

Actuellement, il importe de s'en tenir uniquement aux idées précises, de mettre hors de doute l'existence de l'énergie de vitalité et de s'efforcer de l'exprimer en unités énergétiques.

Cette étude présente, d'ailleurs, de très sérieuses difficultés. D'abord il n'existe pas de critérium précis pour distinguer les états de vie et de mort, comme il en existe entre les états gazeux et liquide, ou liquide et solide. En second lieu, la mort n'est point un phénomène présentant la brusquerie d'un changement d'état physique ; la vie ne s'échappe que progressivement et comme à regret de la matière ; la mort n'est jamais un phénomène instantané[1]. Enfin, comme nous le verrons bientôt, l'énergie de vitalité est toujours relativement faible.

Pour révéler et apprécier cette énergie, nous avons employé trois méthodes qui vont être passées en revue successivement.

---

[1] Il ne peut y avoir d'exception que pour le cas où l'organisme est subitement détruit par un effet mécanique d'une grande violence (écrasement, explosion disruptive).

Méthode du refroidissement.

Animaux à sang chaud [1].

Le principe de la méthode est le suivant : on provoque brusquement le début de la mort d'un animal (mammifère ou oiseau) de petite taille, soit par strangulation, soit par action de l'acide cyanhydrique ; la température baisse progressivement ; elle est indiquée par un thermomètre sensible plongeant au milieu des viscères. Pour que le refroidissement ait lieu dans des conditions bien définies, l'animal, suspendu dans un filet léger, est plongé dans un calorimètre à enceinte de glace et dont les parois enduites de noir de fumée sont, par conséquent, maintenues indéfiniment à 0°. Le thermomètre permet d'étudier la loi du refroidissement. Quand la mort est parachevée, le cadavre est retiré, réchauffé à l'étuve à quelques degrés au-dessus de la température initiale, puis replongé dans le calorimètre exactement dans les mêmes conditions [2] ; et l'on étudie de la même façon le mode de refroidissement. En comprenant les deux résultats, on trouve qu'il n'y a pas identité et que la quantité de chaleur libérée dans la première expérience est plus grande que dans la seconde.

[1] Les résultats de mes premières expériences, exécutées sur un cobaye, ont été présentées à la Société d'Études scientifiques d'Angers dans la séance du 4 février 1886. — Voir Bulletin, année XVIe, p. 4.

[2] Il importe que les conditions physiques du rayonnement soient exactement les mêmes dans les deux cas; des précautions minutieuses doivent être prises à cet égard.

L'appareil dont je me suis servi est analogue à celui qui a été employé par les physiciens, notamment par Dulong et Petit, pour la détermination des chaleurs spécifiques par la méthode du refroidissement. Il est formé de deux cylindres métalliques concentriques dans l'intervalle desquels on entasse de la glace fondante. Le cylindre central, qui sert de chambre calorimétrique, est fermé par un couvercle excavé, recevant également une charge de glace fondante et laissant passer par une tubulure centrale la tige du thermomètre et la cordelette qui soutient le filet. Les physiciens, dans leurs recherches, font le vide dans la chambre centrale. Ici, il ne fallait pas compter sur cette complication, étant donné qu'il importait de noter le refroidissement dès le début, très rapidement dans les premiers moments, et toujours dans des conditions physiques identiques.

Dans les deux cas on observe simultanément la température et le temps; ce qui permet ensuite de représenter la marche du refroidissement soit par un tableau, soit par une courbe.

Je donnerai comme exemple les résultats obtenus en opérant sur un petit chat du poids de 160$^{gr.}$ Le tableau I est consacré au refroidissement de l'animal vif, le tableau II à celui du cadavre réchauffé. La température est indiquée de degré en degré; en regard figure le temps compté à partir du début de l'expérience. Une colonne latérale donne les différences des temps; chaque nombre de cette colonne indique le temps nécessaire pour la chute de 1°; il représente 'inverse de la vitesse de refroidissement et permet de

TABLEAU I (Animal vif)

θ	t	Δ_1	θ	t	Δ_1
38	— 2		14	41,3	
38	— 1				7,7
38	0		13	49,0	
		4,1			8,5
37	4,1		12	57,5	
		2,9	II h^{res}		10,0
36	7,0		11	7,5	
		2,8			11,5
35	9,8		10	19,0	
		2,9			12,0
34	12,7		9	31,0	
		2,8			14,1
33	15,7		8	45,1	
		3,0	III h^{res}		16,9
32	18,5		7	2,0	
		3,0			20,1
31	21,5		6	22,1	
		3,2			23,5
30	24,7		5	45,6	
		3,4	IV h^{res}		26,9
29	28,1		4	12,5	
		3,5			35,3
28	31,6		3	47,8	
		3,6	V h^{res}		58
27	35,2		2	45,8	
		3,6	VI h^{res}		
26	38,8		VII h^{res}		2 h 4,2
		3,9	1	50	
25	42,7		VIII h^{res}		
		4,1	IX h^{res}		2 h 15
24	46,8		X h^{res}		
		4,3	0,6	5	
23	51,1		XI h^{res}		
		4,5	XII h^{res}		3 h 30
22	55,6		XIII h^{res}		
I h^{re}		4,8	0	35 env.	
21	0,4				
		4,9			
20	5,3				
		5,2			
19	10,5				
		5,5			
18	16,0				
		5,8			
17	21,8				
		6,3			
16	28,1				
		6,4			
15	34,5				
		6,8			

TABLEAU II (Cadavre réchauffé)

θ	t	Δ_2	θ	t	Δ_2
40.......	— 3,2		15.....	17,5	
		1,6			6,8
39.......	— 1,6		14.....	24,3	
		1,6			7,5
38..	0		13.....	31,8	
		1,7			8,2
37.......	1,7		12.....	40,0	
		1,8			9,2
36.......	3,5		11.....	49,2	
		1,9			10,2
35.......	5,4		10.....	59,4	
		1,9	II h^{res}		11,5
34.......	7,3		9.....	10,9	
		2,0			12,9
33.......	9,3		8.....	23,8	
		2,1			15,5
32.......	11,4		7.....	39,3	
		2,2			17,9
31.......	13,6		6.....	57,2	
		2,4	III h^{res}		20,5
30.......	16,0		5.....	17,7	
		2,6			25,3
29.......	18,6		4.....	43,0	
		2,7	IV h^{res}		35
28.......	21,3		3.....	18	
		2,8	V h^{res}		58
27.......	24,1		2.....	16	
		3,1	VI h^{res}		
26.......	27,2		VII h^{res}		1^{h} 55
		3,2	1.....	11	
25.... ..	30,4		VIII h^{res}		
		3,4	IX h^{res}		1^{h} 57
24.......	33,8		0,6...	8	
		3,6	X h^{res}		
23.......	37,4		XI h^{res}		3^{h} 25
		4,0	XII h^{res}		
22.......	41,4		0	33 env.	
		4,2			
21.......	45,6				
		4,4			
20.......	50,0				
		4,6			
19.......	54,6				
		5,0			
18.......	59,6				
I h^{re}		5,5			
17.......	5,1				
		6,1			
16.......	11,2				
		6,3			

TABLEAU III

θ	Δ_1	Δ_2	$\Delta_1-\Delta_2$	θ	Δ_1	Δ_2	$\Delta_1-\Delta_2$
38				18			
	4,1	1,7	2,4		5,8	5,5	0,3
37				17			
	2,9	1,8	1,1		6,3	6,1	0,2
36				16			
	2,8	1,9	0,9		6,4	6,3	0,1
35				15			
	2,9	1,9	1,0		6,8	6,8	0,0 *
34				14			
	2,8	2,0	0,8		7,7	7,5	0,2
33				13			
	3,0	2,1	0,9		8,5	8,2	0,3
32				12			
	3,0	2,2	0,8		10,0	9,2	0,8
31				11			
	3,2	2,4	0,8		11,5	10,2	1,3
30				10			
	3,4	2,6	0,8		12,0	11,5	0,5
29				9			
	3,5	2,7	0,8		14,1	12,9	1,2
28				8			
	3,6	2,8	0,8		16,9	15,5	1,4
27				7			
	3,6	3,1	0,5		20,1	17,9	2,2
26				6			
	3,9	3,2	0,7		23,5	20,5	3,0
25				5			
	4,1	3,4	0,7		26,9	25,3	1,6
24				4			
	4,3	3,6	0,7		35,3	35,0	0,3
23				3			
	4,5	4,0	0,5		58	58	0,0 *
22				2			
	4,8	4,2	0,6		2^h 4,2	1^h 55	9,2
21				1			
	4,9	4,4	0,5		2^h 15	1^h 57	18
20				0,6			
	5,2	4,6	0,6		3^h 30	3^h 25	5
19				0			
	5,5	5,0	0,5				

s'en rendre compte. Il est plus avantageux de porter l'attention sur cette quantité que sur la vitesse elle-même, parce que les diverses particularités du refroidissement doivent être reportées bien plutôt à la température du corps qui se refroidit qu'au temps employé pour cela.

Dans le tableau III, en regard de la colonne des températures, sont inscrites les différences Δ_1 et Δ_2 des temps consignés dans les deux premiers tableaux et, dans la dernière colonne, leur propre différence $\Delta_1 - \Delta_2$. Les nombres de cette colonne permettent de se rendre compte de l'inégalité de vitesse de refroidissement dans les deux cas. On voit ainsi que le refroidissement s'effectue toujours plus lentement dans le cas de l'animal vif que dans le cas du cadavre. Il n'y a d'exception que pour deux températures, $14°,5$ env. et $2°,5$ env., pour lesquelles les vitesses de refroidissement sont momentanément les mêmes. Donc, en dehors de ces deux points particuliers, la quantité de chaleur perdue a été plus considérable pour l'animal vif que pour le cadavre réchauffé; c'est l'émission de cet excès de chaleur qui détermine à chaque instant le retard $\Delta_1 - \Delta_2$ du refroidissement. C'est là, du reste, un fait général qui s'est toujours reproduit dans toutes mes expériences, avec intercalation des mêmes points d'arrêt dans le retard du refroidissement.

Les deux courbes de refroidissement obtenues par points ont été réunies sur une même planche. Elles ont le même point de départ, la température initiale $38°$ de l'expérience. Au premier coup d'œil on voit s'en rendre compte. Il est plus avantageux de porter l'attention sur cette quantité que sur la vitesse elle-même, parce que les diverses particularités du refroidissement doivent être reportées bien plutôt à la température du corps qui se refroidit qu'au temps employé pour cela.

Dans le tableau III, en regard de la colonne des températures, sont inscrites les différences Δ_1 et Δ_2 des temps consignés dans les deux premiers tableaux et, dans la dernière colonne, leur propre différence $\Delta_1 - \Delta_2$. Les nombres de cette colonne permettent de se rendre compte de l'inégalité de vitesse de refroidissement dans les deux cas. On voit ainsi que le refroidissement s'effectue toujours plus lentement dans le cas de l'animal vif que dans le cas du cadavre. Il n'y a d'exception que pour deux températures, 14°,5 env. et 2°,5 env., pour lesquelles les vitesses de refroidissement sont momentanément les mêmes. Donc, en dehors de ces deux points particuliers, la quantité de chaleur perdue a été plus considérable pour l'animal vif que pour le cadavre réchauffé; c'est l'émission de cet excès de chaleur qui détermine à chaque instant le retard $\Delta_1 - \Delta_2$ du refroidissement. C'est là, du reste, un fait général qui s'est toujours reproduit dans toutes mes expériences, avec intercalation des mêmes points d'arrêt dans le retard du refroidissement.

Les deux courbes de refroidissement obtenues par points ont été réunies sur une même planche. Elles ont le même point de départ, la température initiale 38° de l'expérience. Au premier coup d'œil on voit

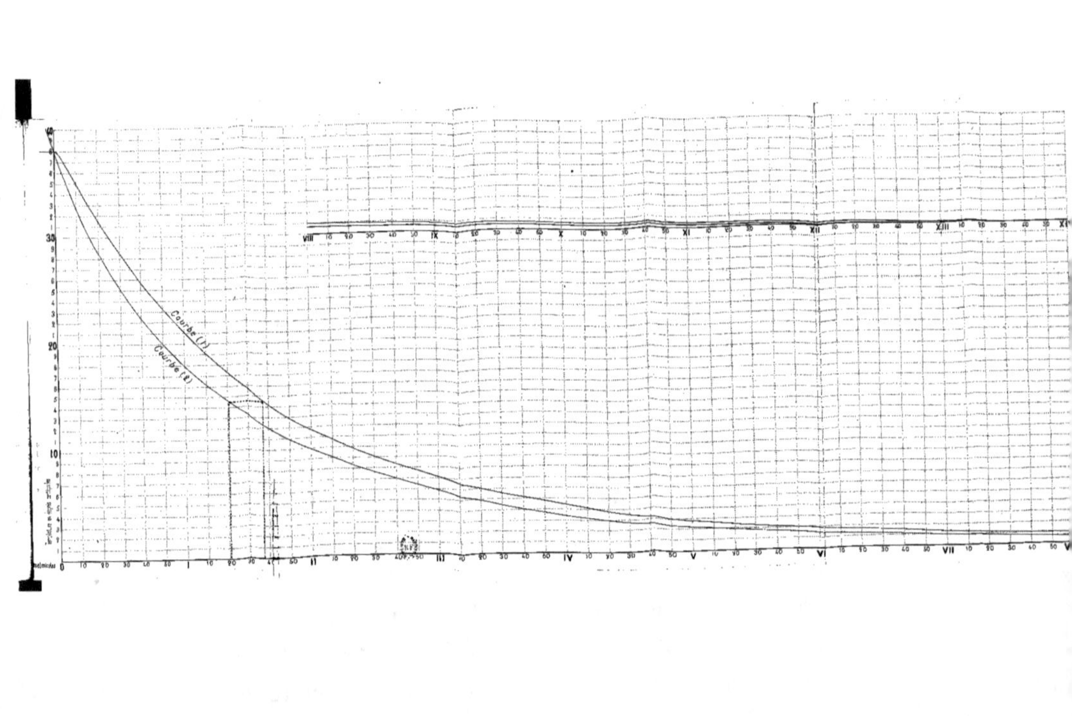

Courbe (A)
Courbe (B)

qu'elles ne sont pas identiques ni superposables ; il n'y a d'exception que pour les points correspondant aux ordonnées $\theta = 14°,5$, $\theta = 2°,5$; en ces deux points la vitesse de refroidissement étant momentanément la même, la tangente $\dfrac{d\theta}{dt}$ aux deux courbes a la même valeur.

On peut donner une représentation analytique du retard du refroidissement de l'animal vif sur le cadavre, en assimilant la cause de ce retard à un accroissement momentané et variable ΔC de la chaleur spécifique C de la matière organique du corps de l'animal.

Dans un temps très court dt le cadavre réchauffé perd une quantité de chaleur $MC\,d_2\theta$, et l'être vivant qui se refroidit une quantité plus grande $M(C + \Delta C)\,d_1\theta$, M étant la masse, θ la température, et les notations d_1 et d_2 se reportant à l'être vivant et au cadavre.

Si nous supposons le refroidissement arrivé au même degré de température θ dans les deux cas, les quantités de chaleur émises dans le même temps dt dépendent uniquement de l'étendue des surfaces en regard du corps qui se refroidit et de l'enceinte, et de leur perméabilité calorifique, et, comme à cet égard tout est exactement identique dans les deux cas, il en résulte que ces deux quantités sont rigoureusement égales, ce qui nous permet d'écrire :

$$M\,C\,d_2\theta = M\,(C + \Delta C)\,d_1\theta.$$

D'où nous déduisons :

$$\Delta C = C\left(\frac{d_2\theta}{d_1\theta} - 1\right),$$

qu'elles ne sont pas identiques ni superposables ; il n'y a d'exception que pour les points correspondant aux ordonnées $\theta = 14°,5$, $\theta = 2°,5$; en ces deux points la vitesse de refroidissement étant momentanément la même, la tangente $\frac{d\theta}{dt}$ aux deux courbes a la même valeur.

On peut donner une représentation analytique du retard du refroidissement de l'animal vif sur le cadavre, en assimilant la cause de ce retard à un accroissement momentané et variable ΔC de la chaleur spécifique C de la matière organique du corps de l'animal.

Dans un temps très court dt le cadavre réchauffé perd une quantité de chaleur $MC\,d_2\theta$, et l'être vivant qui se refroidit une quantité plus grande $M(C + \Delta C)\,d_1\theta$, M étant la masse, θ la température, et les notations d_1 et d_2 se reportant à l'être vivant et au cadavre.

Si nous supposons le refroidissement arrivé au même degré de température θ dans les deux cas, les quantités de chaleur émises dans le même temps dt dépendent uniquement de l'étendue des surfaces en regard du corps qui se refroidit et de l'enceinte, et de leur perméabilité calorifique, et, comme à cet égard tout est exactement identique dans les deux cas, il en résulte que ces deux quantités sont rigoureusement égales, ce qui nous permet d'écrire :

$$M\,C\,d_2\theta = M\,(C + \Delta C)\,d_1\theta.$$

D'où nous déduisons :

$$\Delta C = C\left(\frac{d_2\theta}{d_1\theta} - 1\right),$$

ou

$$\Delta C = C\left(\frac{\frac{d_2\theta}{dt}}{\frac{d_1\theta}{dt}} - 1\right);$$

et finalement :

$$\Delta C = C\left(\frac{lg\alpha_2}{lg\alpha_1} - 1\right),$$

en désignant par α_1 et α_2 les angles des tangentes géométriques des deux courbes avec l'axe des temps pour une même valeur de l'ordonnée θ. En particulier pour les deux points d'arrêt que nous avons signalés, nous aurons :

$$\alpha_1 = \alpha_2$$

et par conséquent,

$$\Delta C = 0.$$

J'ai représenté schématiquement la variation de ΔC dans la courbe suivante.

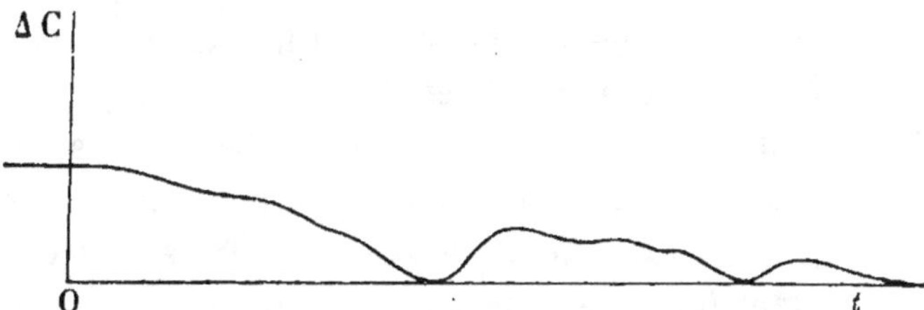

Nous voyons que, dans la vie normale, ΔC fait équilibre à chaque instant au refroidissement; car une température constante, supérieure à celle du milieu, peut être considérée comme la résultante d'une série de refroidissements et de réchauffements égaux s'opérant dans des intervalles de temps infiniment courts; en conséquence la courbe est horizontale avant le commencement de l'expérience. Mais, aussitôt que la mort commence, par suite de l'arrêt du cœur et des poumons, la valeur de ΔC faiblit progressivement jusqu'à zéro pour le premier point d'arrêt, puis se relève à nouveau et s'annule pour le deuxième point d'arrêt, et enfin se relève une dernière fois pour retomber à zéro définitivement.

L'inspection du tableau III nous montre que les différences $\Delta_1 - \Delta_2$, et par conséquent ΔC, ne varient pas d'une façon régulière entre chaque intervalle ; on constate, et c'est là un fait général qui a été observé dans toutes les expériences, que l'émission de la chaleur en excès se fait par intermittence ; il y a comme des sortes de bouffées de chaleur qui retardent momentanément la chute du thermomètre, comme des sortes d'*explosions* calorifiques successives. Cela semble indiquer que les divers éléments vitaux se rupturent par groupes de même nature, la rupturation de l'un provoquant celle des autres.

Toutefois, à prendre les choses en bloc, la restitution de l'énergie de vitalité nous apparaît comme s'opérant en trois périodes séparées par deux arrêts.

Avant d'aborder l'interprétation de ces trois périodes, il est bon de prévenir l'objection suivante : ces dégagements de chaleur surnuméraires ne proviendraient-ils pas de réactions chimiques s'opérant dans les tissus ?

Pour ce qui est de la première période et au début de la mort, il n'est pas douteux qu'il n'y ait continuation des phénomènes chimiques qui maintiennent, dans les conditions normales, la température constante de l'organisme. La première courbe de refroidissement est au début la continuation momentanée de l'isotherme de 38°, température normale du corps de l'animal. A l'origine sa tangente est horizontale, puis elle s'infléchit rapidement, par suite de la suppression de l'accès de l'air dans les poumons et de l'arrêt de la circulation, et bientôt sa courbure change de sens; alors commence un refroidissement véritable, mais moins rapide que le refroidissement physique proprement dit.

Mais, tout en admettant l'intervention des forces chimiques, est-ce à dire pour cela que cette première partie du phénomène soit uniquement d'ordre chimique ? Évidemment non, car on aura beau faire passer aussi abondamment qu'on voudra le sang le plus oxygéné dans le système vasculaire d'un cadavre, jamais on n'obtiendra une température constante, supérieure à celle du milieu. Il faut, pour obtenir ce résultat, l'intervention de la vie ; la chaleur animale n'est point un phénomène purement chimique, ce n'est point une oxydation lente dans le sens propre du mot, c'est un phénomène essentiellement subordonné à la vie, qu'elle seule peut provoquer. Si cette production de chaleur se continue encore, en s'affaiblissant toutefois, c'est que la mort n'est point instantanée, cette première partie de l'émission de chaleur appartient bien et dûment, comme tout le reste, au bilan de l'énergie vitale, et la chimie n'a rien à réclamer !

Vient encore la question de la coagulation de certains albuminoïdes, notamment de la myosine. On sait qu'au bout d'un certain temps, après le commencement de la mort, se déclare la rigidité cadavérique due à la coagulation de la substance des muscles. Dans mes recherches, ce phénomène s'est montré à son maximum dans la seconde période. Comme il y a un changement d'état physique, on peut croire, à priori, qu'il y a, par le fait même, dégagement de chaleur. La question méritait une enquête spéciale.

J'ai étudié à cet effet, au point de vue thermique, la coagulation d'un certain nombre de substances protéiques non vivantes, telles que le lait, l'albumine, la gélatine, la fibrine, en ayant bien soin d'éviter les complications d'ordre chimique, ou en les défalquant par des mesures comparatives avec et sans coagulation. Il m'a été impossible de mettre en évidence dans ces changements moléculaires aucune quantité appréciable de chaleur. Il n'y a pas lieu de s'en étonner, du reste, le passage d'un corps colloïde, plus ou moins visqueux, en un solide mou et peu cohérent, ne constitue pas, à proprement parler, une transformation physique comparable à la solidification, mais seulement une très faible modification allotropique.

De ce nouveau chef il reste donc bien établi que la chaleur observée est uniquement imputable à la destruction du mouvement vital et à la restitution de son énergie latente.

La première période du refroidissement est la continuation de la vie normale, mais avec perte d'énergie qui ne se renouvelle plus. Dans la vie normale, ce renouvellement a lieu constamment, grâce à la circulation. Actuellement chaque cellule de l'organisme est rendue indépendante et elle use progressivement l'énergie dont elle pouvait disposer immédiatement. C'est pourquoi j'appellerai cette énergie *énergie disponible et renouvelable* ou encore *énergie active*.

Sa disparition ne détermine pas nécessairement la *mort irrémédiable*. Nous en avons une preuve démonstrative dans l'homme lui-même. Dans les cas de mort apparente, de léthargie, toute manifestation vitale cesse, le corps se refroidit jusqu'à la température du milieu ; tous les symptômes de la mort sont réunis à tel point que des méprises ont eu lieu. La possibilité d'inhumation prématurée a vivement surexcité l'imagination publique, la presse s'est également émue de la question et diverses solutions ont été proposées pour décider entre la vie et la mort. Je répéterai que la rigidité cadavérique est particulièrement caractéristique de la seconde période ; c'est là une période beaucoup plus avancée de la mort, et il me paraît invraisemblable qu'on puisse en revenir. Car, si une velléité de retour à la vie se manifestait, elle en serait empêchée par la rigidité même de l'organisme. Je pense donc que l'on pourrait prendre la rigidité cadavérique comme signe caractéristique de la *mort légale*. Il ne faudrait pas croire toutefois que la mort définitive fût encore atteinte.

Lorsqu'un organisme est surmené (animal forcé à la chasse, soldat sur le champ de bataille), son énergie active est presque totalement épuisée. S'il est atteint mortellement, la seconde phase de la mort survient immédiatement avec la rigidité cadavérique, et il reste immobilisé dans l'attitude où il se trouvait au moment où il a été frappé.

Après la disparition de l'énergie active un arrêt se produit, puis apparaît une seconde émission de chaleur. Quelle interprétation faut-il en donner? On peut dire, de prime abord, que tous les éléments du corps ne meurent pas en même temps, que certaines cellules, pour employer une expression familière, ont la vie plus dure les unes que les autres. Toutefois on ne s'expliquerait pas facilement cet arrêt; il devrait y avoir continuité dans la destruction.

Je pense bien plutôt qu'il s'agit ici de la restitution d'une énergie toute spéciale, qui appartient à toute cellule vivante et se détruit à son tour quand la première a disparu. C'est ce que j'appellerai l'*énergie de réserve*. Elle est plus profondément engagée dans l'intimité du protoplasme ; c'est elle qui, dans la vie normale, régénère à chaque instant l'énergie active à mesure de son usure. C'est un fonds de réserve qui n'intervient personnellement que dans les circonstances exceptionnelles. Dans la léthargie, c'est lui qui restaure à un moment donné l'énergie active et permet à l'individu de revenir à la vie et de reprendre ses sens. Quand ce fonds est entamé, le retour à la vie devient problématique, d'autant plus que la rigidité cadavérique se déclare.

Une fois l'énergie de réserve épuisée, un nouvel arrêt intervient ; puis une dernière émission de chaleur se déclare. Elle doit correspondre à une énergie encore plus profondément cachée, à une partie de l'organisme cellulaire plus protégé, plus central et ne mourant qu'en dernier lieu. Le noyau cellulaire est tout indiqué : c'est l'*énergie nucléaire*. .

Dans les famines épouvantables qui réapparaissent périodiquement dans l'Inde [1], on voit certains individus arriver au dernier terme de l'émaciation, à tel point qu'ils ressemblent à des momies vivantes et sont à peu près incapables d'aucune manifestation vitale. Il est bien certain que l'énergie disponible et l'énergie de réserve des cellules chez ces malheureux sont sensiblement réduites à zéro. Cependant quelques-uns réchappent lorsque les vivres leur sont distribués à temps. Il ne leur reste plus guère que l'énergie nucléaire. Mais le noyau, dépositaire du plan architectural de l'être vivant et du pouvoir organisateur, peut, lorsque les aliments affluent, reconstituer le protoplasme et réparer les pertes cellulaires : les tissus se reforment, l'organisme reprend le dessus et les fonctions vitales sont rétablies. Ainsi donc le noyau ne meurt qu'en dernier lieu [2].

Il était intéressant de vérifier cette présomption par l'expérience. On sait, en particulier, que les globules rouges du sang n'ont pas de noyau chez les vertébrés à sang chaud. J'ai procédé à l'étude du refroidisse-

---

[1] *La Nature*, 1877, II, p. 250. — 1892, II, p. 173.

[2] Il semble que les rayons X, quand ils ont une grande intensité et que la durée de pose a été considérable, exercent une action particulièrement fâcheuse sur le noyau cellulaire ; contrairement à ce qui a lieu dans la mort naturelle, le noyau périrait le premier ; le cytoplasme, privé de son noyau, subirait ultérieurement le même sort ; de là ces escares et ces plaies difficiles à guérir et qui ne se déclarent qu'au bout d'un certain temps.

ment de masses variables de sang provenant de divers animaux. Le sang, immédiatement au sortir de l'organisme, était traité comme il a été indiqué pour les animaux entiers. Je donne ici un ensemble de tableaux consignant les résultats obtenus avec un poids de 55 gr. de sang de lapin.

L'inspection du tableau III montre immédiatement que l'énergie nucléaire fait défaut, car la différence $\Delta_1 - \Delta_2$ s'annule à partir de 9°, les deux refroidissements s'identifiant dès ce moment; il n'y a pas d'émission d'énergie nucléaire, donc : *pas de noyau, pas d'énergie nucléaire* [1].

Il y a lieu de remarquer que l'écart des deux refroidissements est toujours très faible et la distinction entre les énergies active et de réserve est problématique : l'énergie totale est très faible. Il faut, du reste, se rappeler que les $\frac{9}{10}$ de la masse d'un globule rouge sont occupés par l'hémoglobine, substance purement organique, et que le protoplasme ne joue qu'un rôle secondaire. Les hématies semblent n'avoir qu'une existence de courte durée; lancées dans la circulation avec une certaine provision d'énergie vitale, elles marchent jusqu'à épuisement de cette énergie pour être remplacées par de nouvelles qui subissent le même sort.

Les biologistes divisent la matière protoplasmique qui constitue l'unité vivante, la cellule, en deux parties, le cytoplasme et le noyau. Il n'y a pas de doute que

---

[1] A la vérité, le sang renferme des globules blancs munis de noyaux ; mais leur nombre est restreint et paraît être sans influence.

4

TABLEAU I (Sang vif)

θ	t	Δ_1
37,6	— 2	
37,6	— 1	
37,6	— 0	
		2,1
37	2,1	
		1,9
36	4,0	
		1,6
35	5,6	
		1,5
34	7,1	
		1,5
33	8,6	
		1,5
32	10,1	
		1,5
31	11,6	
		1,6
30	13,2	
		1,7
29	14,9	
		1,7
28	16,6	
		1,8
27	18,4	
		1,9
26	20,3	
		2,0
25	22,3	
		2,1
24	24,4	
		2,3
23	26,7	
		2,3
22	29,0	
		2,5
21	31,5	
		2,6
20	34,1	
		2,6
19	36,7	
		2,8
18	39,5	
		3,1
17	42,6	
		3,3
16	45,9	
		3,8

θ	t	Δ_1
15	49,7	
		3,9
14	53,6	
		4,2
13	57,8	
I hre		4,6
12	2,4	
		4,9
11	7,3	
		5,5
10	12,8	
		6,3
9	19,1	
		7,7
8	26,8	
		8,5
7	35,3	
		10,4
6	45,7	
		12,5
5	58,2	
II hres		17,0
4	15,2	
		23,8
3	39,0	
III hres		46
2	25	
IV hres		1h 30
1	55	
V hres		
VI hres		2h 10
VII hres		
0	5 env.	

TABLEAU II (Sang réchauffé)

θ	t	Δ_2	θ	t	Δ_2
39.......	— 1,5		15.....	45,4	
		1,1			3,9
38..	— 0,6		14.....	49,3	
		1,1			4,1
37,6.....	0	(0,5)	13.....	53,4	
					4,5
37......	0,5		12.....	57,9	
		1,2			
36......	1,7		I h{re}		4,8
		1,2			
35......	2,9		11.....	2,7	
		1,3			5,4
34......	4,2		10.....	8,1	
		1,4			6,2
33.	5,6		9.....	14,3	
		1,4			7,7
32.......	7		8... .	22,0	
		1,5			8,5
31......	8,5		7. ...	30,5	
		1,5			10,4
30......	10		6.....	40,9	
		1,6			12,5
29......	11,6		5... .	53,4	
		1,6			
28......	13,2		II h{res}		17
		1,7			
27......	14,9		4... .	10,4	
		1,8			23,6
26......	16,7		3.....	34	
		1,9			
25......	18,6		III h{res}		46
		2,1			
24......	20,7		2.....	20	
		2,2			
23.... ..	22,9		IV h{res}		1 h 30
		2,3			
22......	25,2		1.....	50	
		2,4			
21......	27,6		V h{res}		
		2,5			
20......	30,1		VI h{res}		2 h 10
		2,6			
19......	32,7		VII h{res}		
		2,7			
18......	35,4		0	0 env.	
		3,0			
17......	38,4				
		3,3			
16.......	41,7				
		3,7			

TABLEAU III

θ	Δ_1	Δ_2	$\Delta_1-\Delta_2$	θ	Δ_1	Δ_2	$\Delta_1-\Delta_2$
37,6				18			
	2,1	0,5	1,6		3,1	3,0	0,1
37				17			
	1,9	1,2	0,7		3,3	3,3	0,0
36				16			
	1,6	1,2	0,4		3,8	3,7	0,1
35				15			
	1,5	1,3	0,2		3,9	3,9	0,0
34				14			
	1,5	1,4	0,1		4,2	4,1	0,1
33				13			
	1,5	1,4	0,1		4,6	4,5	0,1
32				12			
	1,5	1,5	0,0		4,9	4,8	0,1
31				11			
	1,6	1,5	0,1		5,5	5,4	0,1
30				10			
	1,7	1,6	0,1		6,3	6,2	0,1
29				9			
	1,7	1,6	0,1		7,7	7,7	0,0
28				8			
	1,8	1,7	0,1		8,5	8,5	0,0
27				7			
	1,9	1,8	0,1		10,4	10,4	0,0
26				6			
	2,0	1,9	0,1		12,5	12,5	0,0
25				5			
	2,1	2,1	0,0		17	17	0,0
24				4			
	2,3	2,2	0,1		23,8	23,6	0,2
23				3			
	2,3	2,3	0,0		46	46	0,0
22				2			
	2,5	2,4	0,1		$1^h\ 30$	$1^h\ 30$	0,0
21				1			
	2,6	2,5	0,1		$2^h\ 10$	$2^h\ 10$	0,0
20				0			
	2,6	2,6	0,0				
19							
	2,8	2,7	0,1				

l'énergie active et l'énergie de réserve ne soient uniquement localisées dans le cytoplasme. Quant à l'énergie nucléaire, il est vraisemblable qu'elle se partage elle-même d'une façon analogue. Lorsque le noyau intervient visiblement dans l'ordonnancement de la cellule, une partie seulement de sa masse entre en scène, l'autre reste en réserve. Nous pourrons donc représenter la répartition de l'énergie de la cellule d'après le tableau suivant :

$$\text{Énergie totale} \begin{cases} \text{Énergie cytoplasmique} \begin{cases} \text{Énergie active} \\ \text{Énergie de réserve} \end{cases} \\ \text{Énergie nucléaire} \begin{cases} \text{Énergie active} \\ \text{Énergie de réserve.} \end{cases} \end{cases}$$

Nous pouvons maintenant nous demander s'il est possible de tirer des constatations précédentes une évaluation en unités physiques des diverses parties de l'énergie de vitalité.

La question n'est point insoluble ; toutefois, il importe de remarquer que nous avons affaire ici à une méthode très indirecte comportant de nombreuses causes d'inexactitude, et qu'on ne saurait en espérer des déterminations précises. Les nombres obtenus donneront cependant une idée de l'ordre de grandeur des quantités qui nous occupent.

Comme, dans ces expériences, l'écart de la température du corps de l'animal sur celle de l'enceinte n'est pas très considérable (moins de 40°), nous pouvons admettre que la loi du refroidissement de Newton est applicable sans trop d'erreur.

Dès lors, quels que soient l'origine première et le

mode d'émission de la chaleur rayonnée par le corps, la quantité de chaleur dq qui s'échappe pendant un temps dt, est proportionnelle à l'excès θ de la température du corps sur celle de l'enceinte et peut s'exprimer sous la forme

$$dq = K\,\theta\,dt,$$

la constante K dépendant de l'étendue et des pouvoirs de perméabilité calorifique des surfaces en regard du corps et de l'enceinte.

Or, $\theta\,dt$ est l'élément différentiel de la surface limitée par la courbe de refroidissement et, en intégrant de 0 à ∞, nous aurons :

$$Q = \int_0^{+\infty} K\,\theta\,dt = K\,S,$$

S étant la surface comprise entre la courbe de refroidissement et les axes de coordonnées.

Appelons :

S_1 la surface limitée par la courbe (*1*),

S_2 la surface limitée par la courbe (*2*),

$\Sigma = S_1 - S_2$ la surface de la boucle qu'elles laissent entre elles ;

Q_1, Q_2. Q_3 les quantités de chaleurs correspondant aux surfaces S_1, S_2, Σ, nous aurons :

$$Q_1 = K\,S_1$$
$$Q_2 = K\,S_2$$
$$Q_3 = K\,\Sigma\,.$$

Cette dernière quantité Q_3 exprime l'excès de la chaleur émise dans le premier cas sur le second, elle représente *l'énergie totale de vitalité*. Nous savons qu'elle se décompose elle-même en plusieurs parties.

Nous la diviserons ici provisoirement en deux parties seulement, sauf à y revenir ultérieurement, et nous désignerons par

q_1 l'énergie active,

et

q_2 la somme de l'énergie de réserve et de l'énergie nucléaire réunies ;

en sorte que nous aurons :

$$Q_3 = q_1 + q_2.$$

Il s'agit maintenant d'évaluer ces deux dernières quantités. A cet effet, nous allons supposer que la courbe (2) du refroidissement physique glisse parallèlement à elle-même sur l'axe des temps jusqu'à venir couper la courbe (1) au premier point d'arrêt correspondant à la température de 14°,5, pour laquelle les deux courbes ont la même tangente, les deux vitesses de refroidissement étant momentanément les mêmes [1]. Nous supposerons alors que c'est seulement à partir de ce point qu'a commencé l'étude du refroidissement dans les deux cas, l'origine des coordonnées étant reportée au point $t = 1^h \cdot 37',5$, abscisse du point d'arrêt $\theta = 14°,5$.

Appelons :

S'_1 la surface actuellement limitée par la courbe (1),

---

[1] On a ainsi un point de contact d'ordre supérieur, les deux courbes étant tangentes tout en se coupant (point d'osculation). Si l'on fait se croiser les deux courbes en tout autre point que les deux points d'arrêt, la courbe (1) passera toujours au-dessus de la courbe (2), car le refroidissement étant plus lent dans le premier cas, l'ordonnée de la courbe (1) décroît moins vite que l'ordonnée de la courbe (2).

S'_2 la surface actuellement limitée par la courbe (2) transportée,

$\Sigma' = S'_1 - S'_2$ la surface de la boucle comprise actuellement entre les deux courbes ;

et désignons par Q'_1, Q'_2, Q'_3 les quantités de chaleurs correspondantes, nous aurons :

$$Q'_1 = K \, S'_1$$
$$Q'_2 = K \, S'_2$$
$$Q'_3 = K \, \Sigma'.$$

Or, la dernière quantité Q'_3 n'est autre chose que la réunion de l'énergie de réserve et de l'énergie nucléaire, car la seconde boucle est due au retard du refroidissement provoqué par l'émission successive de ces deux énergies. Nous aurons donc :

$$q_2 = K \, \Sigma',$$

et par conséquent, en tenant compte des relations précédentes,

$$q_1 = K \, (\Sigma - \Sigma').$$

En faisant glisser une seconde fois la courbe (2) jusqu'à la faire couper la courbe (1) au second point d'arrêt correspondant à la température $\theta = 2°,5$, on isolerait entre la courbe (1) et la courbe (2) transportée une dernière boucle dont la superficie serait proportionnelle à l'énergie nucléaire. Comme cette dernière quantité est très faible, son évaluation n'est pas sans présenter quelque incertitude. Nous nous contenterons, pour le moment, des deux premières déterminations.

Il est facile d'exprimer ces diverses quantités en calories-gramme. En effet, Q_2 représente la chaleur perdue par le cadavre, en tant que corps inerte, quand sa température tombe de la valeur initiale T à 0°. En appelant M son poids et C sa chaleur spécifique [1], nous avons :

$$Q_2 = MCT.$$

D'autre part, des relations précédentes nous déduisons :

$$\frac{q_2}{Q_2} = \frac{\Sigma'}{S_2} \; ;$$

d'où

$$q_2 = MCT \frac{\Sigma'}{S_2}$$

et

$$\frac{q_2}{M} = CT \frac{\Sigma'}{S_2}.$$

De même

$$\frac{q_1}{Q_2} = \frac{\Sigma - \Sigma'}{S_2}$$

$$\frac{q_1}{M} = CT \frac{\Sigma - \Sigma'}{S_2} \; ;$$

et enfin

$$\frac{q_1 + q_2}{M} = \frac{Q}{M} = CT \frac{\Sigma}{S_2}.$$

En résumé, nous avons :

$$\frac{Q}{M} = CT \frac{\Sigma}{S_2} \quad \text{énergie totale,}$$

$$\frac{q_1}{M} = CT \frac{\Sigma - \Sigma'}{S_2} \quad \text{énergie active,}$$

$$\frac{q_2}{M} = CT \frac{\Sigma'}{S_2} \quad \text{énergie de réserve et nucléaire,}$$

---

[1] La valeur de C est loin d'être d'une détermination certaine. J'ai pris C = 0,8 comme moyenne de résultats obtenus par diverses méthodes.

ces diverses quantités étant rapportées à 1 gramme de matière.

La question revient dès lors à l'estimation des surfaces Σ Σ' et S_2. La solution la plus expéditive est la suivante : les contours limitatifs de ces surfaces sont reportés sur une même feuille de papier à décalquer bien homogène, et l'on découpe le papier suivant ces contours ; les parties détachées sont ensuite pesées[1] ;

[1] On simplifie l'évaluation de la surface $\Sigma - \Sigma'$ par les considérations géométriques suivantes :

Faisons glisser sur l'axe des abscisses, comme il a été dit précédemment, la courbe (2) jusqu'à ce qu'elle soit tangente à la courbe (1) au point B, premier point d'arrêt dans le refroidissement anormal de l'être vivant. Le point B devient actuellement un point d'osculation pour les deux courbes. Soit D son abscisse. Nous avons vu que l'on a :

$$\Sigma = S_1 - S_2$$
$$\Sigma' = S'_1 - S'_2 ;$$

d'où :

$$\Sigma - \Sigma' = S_1 - S_2 - (S'_1 - S'_2)$$

Il est facile de voir que $S_1 - S_2$ est représentée sur la figure ci-contre par la surface limitée par le contour O.A.(1).B.D.O.

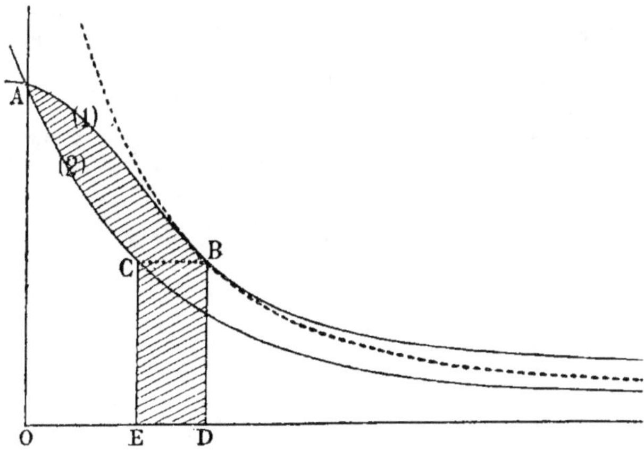

comme le rapport des surfaces intervient seul, l'épaisseur du papier est indifférente.

C'est par ce moyen qu'ont été déterminés les éléments du tableau suivant, dans lequel ont été consignés les résultats des meilleures expériences. En première ligne sont placés les éléments relatifs à la planche qui accompagne ce travail.

En effet, c'est bien cette fraction de la surface limitée par la courbe (*1*) et les axes de coordonnées qui est perdue quand on transporte l'origine des coordonnées au point D, abscisse du point B, et que l'on suppose que le refroidissement ait commencé à être observé à partir du premier point d'arrêt. On a donc :

$$S_1 - S_2 = \text{Surf. O.A.}(1).\text{B.D.O.}$$

Par le point B, menons BC parallèle à l'axe des abscisses ; cette droite coupe la courbe (*2*) au point C. On verra, de même, que $S'_1 - S'_2$ est représenté par la surface limitée par le contour O. A. (*2*). C. E. O. Cette aire représente, en effet, la perte subie par la surface que limitent la courbe (*2*) et les axes de coordonnées, si l'on ne fait commencer le refroidissement qu'à partir du premier point d'arrêt. On a ainsi :

$$S'_1 - S'_2 = \text{Surf. O.A.}(2).\text{C.E.O,}$$

et par conséquent :

$$\Sigma - \Sigma' = \text{Surf. O.A.}(1).\text{B.D.O} - \text{Surf. O.A.}(2).\text{C.E.O.}$$

Cette différence est représentée par la surface couverte de hachure, sur la figure, et limitée par le contour E.C.(*2*).A.(*1*).B.D.E. On a ainsi :

$$\Sigma - \Sigma' = \text{Surf. E.C.}(2).\text{A.}(1).\text{B.D.E.}$$

	Température initiale	Énergie totale	Énergie active	Énergie de réserve et nucléaire	1er point d'arrêt	2e point d'arrêt
Jeune chat (*Felis catus*) (p = 160 gr.)	38°	5,79	4,31	1,48	14,5·	2,5
Cobaye (*Cavia cobaya*) (p = 322 gr.)	37°,6	6,36	3,03	3,33	14	3
Rat gris (*Mus decumanus*) (p = 237 gr.)	37°,5	6,07	4,38	1,69	14	3,5
Souris (*Mus musculus*) (p = 13gr, 5)	37°,6	6,31	4,13	2,18	14,5	3
Jeune pigeon (*Columba livia*) (p = 260 gr.)	40°,6	5,98	3,82	2,16	17	2,5
Pinson (*Fringilla cœlebs*) (p = 15 gr.)	42,2	6,72	5,10	1,62	19	2
Sang de lapin (p = 55 gr.)	37,6	1,81				
Sang de mouton (p = 250 gr.)	37,6	1,9				

Énergie nucléaire. — L'énergie nucléaire est toujours très faible et, comme son évaluation ne peut se faire que par défalcation sur l'énergie totale des deux autres énergies, on conçoit que toute erreur sur les premières déterminations retentisse d'une façon considérable sur cette dernière. C'est pourquoi, dans le tableau précédent, son départ d'avec l'énergie de réserve n'a pas été fait.

Toutefois, en apportant toute la rigueur possible dans le tracé des courbes, en évaluant à part l'énergie de réserve après avoir fait glisser la courbe (2) jusqu'au second point d'arrêt, et en mettant à profit des considérations géométriques semblables à celles qui sont indiquées dans la note de la page 48, on peut arriver à une évaluation approximative.

Je citerai ici, en particulier, les résultats obtenus avec la planche qui figure dans ce travail et qui est relative à l'énergie de vitalité d'un jeune chat :

Énergie totale . . . 5,790 calories-gramme
   — active . . . 4,307   —
   — de réserve . 1,292   —
   — nucléaire. . 0,191   —   .

Si l'on prend le rapport de l'énergie nucléaire à l'énergie totale, on trouve :

$$\frac{0{,}191}{5{,}790} = \frac{1}{30{,}32}.$$

Ce nombre donne une idée de l'ordre de grandeur de l'énergie nucléaire. On peut, du reste, arriver à un résultat analogue par un procédé indirect.

On peut admettre, en principe, que la répartition de l'énergie de vitalité est proportionnelle à la masse de la matière vivante, ce qui permettra de calculer approximativement la part du noyau. La détermination de la masse de la matière nucléaire n'est point chose aisée ; toutefois, en se reportant aux représentations données dans les traités d'histologie des diverses cellules observées dans les deux règnes, et en ne considérant que les cellules de formes peu compliquées et à protoplasme compacte, on voit que les dimensions transversales moyennes du noyau et de la cellule sont entre elles dans des rapports variant de $\frac{1}{2}$ à $\frac{1}{5}$, avec une fréquence, peut-être, plus grande pour le rapport $\frac{1}{3,5}$ environ. Le rapport des volumes, d'après ce dernier nombre, serait de $\frac{1}{(3,5)^3} = \frac{1}{42,9}$. Admettons, en chiffres ronds, $\frac{1}{40}$; l'énergie du noyau par gramme serait $\frac{1}{40}$ de l'énergie totale. Ce nombre ne s'écarte pas beaucoup du précédent.

Étant reconnu les difficultés expérimentales de toute nature et l'incertitude de beaucoup de données, il faut considérer ce rapprochement comme très satisfaisant et comme constituant une épreuve confirmative des déterminations calorimétriques précédentes.

Si l'on prend le nombre 6 comme valeur moyenne de l'énergie totale de vitalité chez les vertébrés à sang chaud, l'énergie nucléaire sera représentée sensiblement par $\frac{6}{40} = 0,15$.

Méthode du refroidissement.

Animaux à sang froid.

La méthode est la même que pour les animaux à sang chaud. On commence d'abord par maintenir l'animal dans une atmosphère chloroformée jusqu'à suppression des mouvements violents ; il est alors plongé dans le calorimètre à glace qui renferme également du chloroforme ; à l'engourdissement succède la mort véritable. La marche du refroidissement est étudiée de la même façon que précédemment ; après quoi, on réchauffe le cadavre à quelques degrés au-dessus de la température initiale, et l'on étudie à nouveau la marche du refroidissement. On constate que les deux refroidissements ne sont pas identiques et l'on interprète les résultats comme pour le premier cas.

Le tableau suivant résume quelques-uns des résultats les plus nets ; ils sont également rapportés à 1 gramme de matière.

	Température initiale	Énergie totale	Énergie active	Énergie de réserve et nucléaire	1er point d'arrêt	2e point d'arrêt
Grenouille (*Rana œsculenta*) (p = 71 gr.)	20°,4	3,17	1,33	1,84	10°	0 ,6
Tanche (*Tinca vulgaris*) (p = 170 gr.)	16°,4	2,85	1,71	1,14	6,5	0°,8
Carpeau (*Cyprinus carpio*) (p = 115 gr.)	12°,1	2,22	1,30	0,92	5	

Méthode thermo-électrique.

Cette méthode a surtout une valeur démonstrative ; elle s'applique particulièrement aux animaux à sang froid et aux végétaux.

Il s'agit ici de précipiter l'œuvre de la mort pour rendre plus sensible l'effet thermique. On peut mettre en action un certain nombre de substances chimiques qui ont la propriété d'entraver le mouvement vital sans produire d'altération sensible de la matière organique. On peut les comparer à un frein ou à un bâton jeté en travers les roues d'un véhicule et qui en arrête le mouvement sans le détériorer pour cela. Ce sont certains poisons violents usités depuis longtemps en histologie comme agents de fixation ou de conservation. Signalons particulièrement :

Le chloroforme,

L'acide cyanhydrique,

— chromique,

— picrique,

— osmique,

L'aldéhyde formique,

Le chlorure mercurique, etc.

On pourrait encore ranger dans cette catégorie les toxines, les venins. Toutes ces substances devront être employées à un grand degré de dilution pour éviter de noyer l'effet thermique à observer dans un dégagement de chaleur dû à des actions chimiques un peu trop accentuées. D'ailleurs, on agira toujours simultanément sur un tissu mort.

L'opération est conduite de la façon suivante. Les deux soudures d'un couple thermo-électrique plongent, l'une dans un verre renfermant un certain poids de tissu vivant coupé par petits morceaux, l'autre dans un second verre renfermant le même poids du même tissu également découpé, mais mort. Le circuit étant fermé sur un galvanomètre à réflexion muni d'un cadre de faible résistance, on verse dans les deux verres une même quantité de réactif. On voit immédiatement l'index lumineux se déplacer et indiquer une surélévation de température du côté du tissu vivant. Les réactions chimiques étant les mêmes des deux côtés, l'effet thermique n'est imputable qu'à la libération de l'énergie de vitalité.

Pour amplifier le résultat, j'ai employé un faisceau thermo-électrique formé de 10 couples fer-cuivre, les fils étant isolés à la soie, les soudures recouvertes de vernis et les couples réunis en tension.

L'effet thermique se produit toujours dans le sens indiqué. Le déplacement de l'index lumineux se fait progressivement et comme en plusieurs temps, ce qui indique qu'il y a encore ici émission successive d'énergies inégalement accessibles.

Avec les végétaux, le phénomène est beaucoup plus faible, mais toujours dans le même sens ; toutefois, en opérant avec la levure de bière qui se mêle très rapidement avec le réactif, l'effet est des plus nets.

Méthode calorimétrique.

Je me suis servi du dispositif suivant : un large tube à essai est fixé par un bouchon au goulot d'un flacon de verre contenant du duvet de cygne non tassé; c'est la moufle du calorimètre. Le tissu vivant, découpé avec des ciseaux en petits fragments, est introduit dans la moufle avec le thermomètre et une certaine quantité de liquide actif, comme dans la méthode précédente. On a vérifié auparavant que tous les objets sur lesquels on opère sont exactement à la même température; autrement, il y a des corrections à effectuer. On agite de temps en temps avec le thermomètre et on note la variation de température.

La quantité de chaleur produite est donnée par la relation :

$$Q = (pc + mc_1 + k + lc_2 + l'c_3)\,(\theta - t),$$

dans laquelle on a :

Q chaleur dégagée, en calories-gramme,

p poids du tissu en grammes,

c sa chaleur spécifique,

m poids de la liqueur active,

c_1 sa chaleur spécifique,

k capacité calorifique du réservoir du thermomètre,

l longueur immergée de la tige du thermomètre,

c_2 sa capacité calorifique par centimètre de longueur,

l' longueur mouillée du tube de verre,

c_3 sa capacité calorifique par centimètre de longueur,

t température primitive,

θ température finale.

La correction relative au refroidissement peut être négligée, étant donné les faibles écarts de température et la construction de l'appareil.

La même opération est recommencée sur un poids égal du même tissu mort, et l'on défalque du premier résultat le second dégagement de chaleur qui, dans tous les cas, doit être très faible. En divisant l'excédent par le poids p de tissu mis en expérience, on a la chaleur de vitalité rapportée à 1 gramme de matière vivante :

$$q = \frac{Q}{p}.$$

Cette méthode n'est pas sans présenter de réelles difficultés, le réactif ne pénétrant que lentement dans la masse vivante et n'opérant que progressivement ; il faut, d'autre part, renoncer à l'emploi d'agents chimiques concentrés, parce que la chaleur provenant de réactions purement chimiques devient rapidement trop considérable et vient masquer l'effet physiologique. Pour ces diverses raisons, les déterminations obtenues ne sauraient être d'une grande précision.

D'ailleurs, comme pour la méthode thermo-électrique, cette méthode n'est applicable qu'aux organismes à sang froid et aux végétaux. Le tableau suivant résume un certain nombre de déterminations.

Escargot (*Helix adspersa*). 1,1
Huître (*Ostrea edulis*). 0,9
Ver de terre (*Lumbricus agricola*). . 1,4
Blatte (*Blatta orientalis*) adulte . . . 1,3
—   —   jeune. . . . 0,9
Larve de mouche à viande (*Calliphora*
    vomitoria). 0.7
Levure de bière comprimée. 0,5
Feuilles de végétaux 0,2

Comparaison de l'être vivant avec la machine
à vapeur.

Les nombres trouvés pour l'évaluation des trois groupes d'énergies peuvent paraître faibles, si on les compare aux chaleurs latentes de transformation. Toutefois, il faut bien reconnaître que dans les transformations d'état physique, solidification ou condensation de vapeurs, la masse tout entière entre en jeu. Il en est tout autrement pour la vie ; la portion de matière réellement vivante est toujours fort restreinte ; le reste ne joue qu'un rôle accessoire, de support.

Il faut d'abord signaler l'eau, qui constitue un epartie considérable de la masse de l'être vivant. Elle y existe à deux états : 1° à l'état de liquide d'imbibition, telle est l'eau du sang, de la lymphe, de la sève, du suc cellulaire ; 2° à l'état de combinaison plus ou moins intime. La dessiccation à l'étuve fait disparaître seulement l'eau au premier état ; malgré cela, la perte de poids est toujours considérable. Les tissus mous ne perdent pas moins des trois quarts de leur poids. Chez les êtres aquatiques, la perte peut aller bien au delà ; le poids de la matière sèche ne représente plus que quelques centièmes de poids primitif.

Mais il ne faut pas croire que le résidu de la dessiccation représente la masse réellement vivante. Il y a lieu encore d'en défalquer toutes les substances minérales, organiques ou même organisées qui, incontestablement, ne vivent pas, comme les parois cellulaires, les produits chimiques intra et extra-cellulaires, les substances nutritives en réserve, etc. Il est fort difficile d'évaluer leur proportion ; mais elle est certainement supérieure à la moitié du poids du résidu desséché.

En définitive, j'estime qu'en évaluant à $\frac{1}{10}$ du poids total le poids réel de la matière protoplasmique vivante on fait certainement une estimation par excès. Si nous adoptons ce nombre par première approximation, c'est à lui qu'il faudra reporter en réalité l'énergie de vitalité, ce qui revient à multiplier par 10 les nombres précédents, et l'on voit alors que ces évaluations rentrent dans l'ordre des énergies de transformations physiques.

Du reste, cette faible proportion de la masse motrice, par rapport à la masse totale de l'organisme, n'est point spéciale à l'être vivant. Nous retrouvons ce même caractère dans nos machines industrielles. Je prendrai comme terme de comparaison une locomotive en fonctionnement normal [1].

Une locomotive en service, type du Creusot à deux essieux accouplés, pèse environ 32 400$^{kgr.}$, le tender avec sa charge pèse 20.000$^{kgr.}$, donc pour l'organisme complet, avec ses réserves nutritives, 52.400$^{kgr.}$ Le volume de chaque cylindre est de 99 litres, le poids de l'eau dans la chaudière 3.600$^{kgr.}$, la pression de la vapeur 8$^{kgr.}$. Le poids de la vapeur qui remplit le cylindre sous cette pression, en supposant la marche à pleine vapeur et sans détente, est d'environ 440 gr. Ce poids correspond à *l'énergie active* qui engendre à chaque instant le mouvement et qui est constamment renouvelée, car lorsqu'un cylindre se vide, l'autre se remplit.

Supposons maintenant qu'on ouvre subitement et largement les soupapes de sûreté et autres issues de la chaudière : instantanément la vapeur s'échappera et le reste de l'eau liquide tombera à 100°. Il est facile de calculer que, sur les 3.600$^{kgr.}$ d'eau, il se vaporisera environ 516$^{kgr.}$. Ce dernier poids correspond à *l'énergie de réserve* qui engendre à chaque instant *l'énergie active*. Comme dans l'organisme vivant, cette énergie est empruntée à la combustion.

Pour compléter l'analogie, il nous faudrait ajouter la masse servant de support à *l'énergie nucléaire.*

---

[1] D'après des renseignements fournis par la Compagnie d'Orléans.

Évidemment, rien dans la machine elle-même ne correspond à cette quantité ; toutefois, nous pouvons considérer la masse du mécanicien comme comblant cette lacune. Le poids moyen de l'homme étant de 65$^{kgr.}$, la répartition de l'énergie se fera finalement sur les masses suivantes :

$$
\begin{aligned}
\text{énergie active.} &\;.\;.\;.\;.\quad 0^{kgr.},440 \\
\text{— de réserve} &\;.\;.\quad 516 \\
\text{— nucléaire.} &\;.\;.\;.\quad 65 \\
\text{— totale.} &\;.\;.\;.\;.\quad 581,\quad 44.
\end{aligned}
$$

Comme la masse totale de l'organisme est de 52.400$^{kgr.}$, on aura pour le rapport de chaque masse à la masse totale :

$$
\text{énergie active} \;.\;.\;.\quad \frac{0,440}{52.400} = 0,00084,
$$

$$
\text{énergie de réserve} \;.\quad \frac{516}{52.400} = 0,00980,
$$

$$
\text{énergie nucléaire.} \;.\quad \frac{65}{52.400} = 0,00124,
$$

$$
\text{énergie totale} \;.\;.\;.\quad \frac{581.44}{52.400} = 0,01106.
$$

On voit par ces nombres que le rapport de la masse motrice à la masse totale dépasse à peine $\frac{1}{100}$. Comme, d'autre part, la machine vivante n'est certainement point inférieure aux meilleurs moteurs industriels, il est certain que, quand nous avons évalué à $\frac{1}{10}$ le rapport de la masse vivante à la masse totale, nous étions de beaucoup au-dessus de la vérité. La fraction réellement vivante et active doit être très faible.

Poursuivons la comparaison des deux moteurs. Une locomotive (tender compris) de train de voyageurs, marchant à 70 kilomètres à l'heure et en plaine, traîne en moyenne 3 fois son propre poids. Il est intéressant de rapprocher ce résultat de ceux obtenus dans des expériences sur des chevaux d'omnibus de Paris : ils traînent en moyenne de 3 à 4 fois leur propre poids [1].

Les machines des trains de marchandises, chez lesquelles la vitesse est sacrifiée au profit de la masse mise en mouvement, remorquent environ 6 fois leur propre poids et, dans des conditions d'effort maximum, jusqu'à 13 fois leur poids. On a constaté des résultats du même ordre pour des masses traînées péniblement par les animaux, notamment chez les insectes.

Nous venons de comparer ici la masse motrice en bloc à la masse totale. En réalité, dans la machine à vapeur, il n'y a, à chaque instant, à entrer en jeu que la masse de vapeur qui pousse le piston; le reste de la masse motrice est simplement en réserve. En d'autres termes, c'est seulement, dans l'exemple considéré, le poids 0^{kgr},440 de vapeur contenu dans le cylindre ou dans l'ensemble des deux cylindres qui, à chaque instant, met la masse tout entière en mouvement. La masse active est à la masse totale dans le rapport $\frac{0.44}{52.400} = \frac{1}{119.180}$. La masse active est donc inférieure à $\frac{1}{100.000}$ de la masse totale. Pour simplifier, admettons ce rapport $\frac{1}{100.000}$. Cela revient à dire que 1^{kgr} de vapeur

---

[1] Lavalard. *Le Cheval*, t. I, p. 224. — 1888, Firmin Didot.

met en mouvement 100.000 ^{kgr.}, lorsque la locomotive et le tender sont seuls en jeu. Dans un train normal, ce seront, suivant les conditions de marche 300.000, 500.000, 1.300.000 kilogrammes qui seront réellement traînés par 1 kilogramme de vapeur.

Mais il faut bien remarquer que, dans tout ce qui précède, nous avons supposé le moteur marchant à pleine vapeur. Dans la pratique, cela n'a lieu qu'au démarrage ; ensuite on fait intervenir la détente qui, suivant les circonstances, est réglée $\frac{1}{2}$, $\frac{1}{3}$, $\frac{1}{4}$, $\frac{1}{5}$, etc. Ce ne sera plus 1 kilogramme de vapeur qui traînera les poids en question, mais seulement $\frac{1}{2}$, $\frac{1}{3}$, $\frac{1}{4}$, $\frac{1}{5}$, etc., de kilogramme ; ou, ce qui revient au même, par kilogramme de vapeur, les poids traînés seront 2, 3, 4, 5, etc., fois les nombres précédents. On reste véritablement étonné devant la disproportion de la masse motrice et de la masse inerte qu'elle met en mouvement.

Cette disproportion existe certainement aussi dans l'organisme vivant : la fraction usée d'un muscle pour la production d'un mouvement quelconque est toujours extrêmement faible ; autrement, un travail continu deviendrait impossible. On peut dire aussi que le muscle travaille avec détente en ce sens qu'il ne se contracte que très rarement jusqu'à son maximum, jusqu'à la tension tétanique dont il est capable.

Pour qu'une masse égale à 1 kilogramme puisse communiquer une vitesse notable à une masse représentée par 1, 2, 3, 4, 5, etc., fois 100 tonnes, 300 tonnes, 600 tonnes, 1.300 tonnes, il faut, de toute nécessité, que les molécules qui la composent possèdent une vitesse vibratoire très considérable, d'autant plus que dans cette transmission de mouvement une partie seulement de leur force vive est communiquée à la masse à mouvoir, conformément au principe de Carnot. Une pareille vitesse initiale, qui n'est autre que le mouvement calorifique, nécessite une température initiale élevée ; et l'on sait, du reste, qu'il y a tout avantage, au point de vue de la puissance motrice, à élever le plus haut possible la température et par suite la pression des générateurs à vapeur.

Or, dans l'organisme vivant, rien de semblable n'existe, le mouvement se produit à froid, il n'y a pas de hautes températures, point d'alternance de chaud et de froid, comme dans les moteurs à feu. Cette dissemblance est flagrante et irréductible : le mécanisme moteur des êtres vivants est tout autre que celui des machines thermiques. Il est impossible de l'attribuer à la matière pondérable, car celle-ci ne peut produire du mouvement que par l'intervention de la chaleur. Si la matière pondérable n'intervient pas, il faut donc de toute nécessité que ce soit l'éther. Nous verrons, du reste, au chapitre VIII, que l'explication de l'origine de la force motrice dans cette interprétation est d'une extrême simplicité.

Pour expliquer l'effet moteur des vapeurs ou gaz chauds, il faut doter leurs molécules de vitesses qui sont généralement supérieures à celles des projectiles modernes. Comme nous sommes amenés, dans le cas des êtres vivants, à localiser la force motrice dans l'éther dont la masse est infiniment petite, inappréciable vis-à-vis de la matière pondérable, il faut nécessairement admettre que les particules de l'éther sont animées de vitesses énormes, afin que, dans l'expression $\Sigma \frac{1}{2} mv^2$, les vitesses compensent la faiblesse de la masse. Ces vitesses ne devront certainement pas être inférieures à celles qui caractérisent la propagation de la lumière ou de l'électricité, ou celles dont sont animés les éléments tourbillonnaires magnétiques.

Nous ne voyons rien là d'incompatible avec les faits connus. Il est vraisemblable que, toutes les fois que l'éther intervient, il le fait toujours avec cette extrême rapidité de mouvement.

Avant de clore ce parallèle entre la machine à vapeur et l'être vivant, signalons une dernière analogie. Dans les deux cas, le corps actif, matière pondérable ou éther, est animé de mouvements particulaires très violents. Un pareil corps, s'il vient à être troublé brusquement dans son évolution normale, peut facilement dégénérer en un système explosif. On connaît les désastres malheureusement trop fréquents causés par l'explosion des générateurs à vapeur. Le mouvement vital peut lui aussi, dans des proportions moindres, provoquer, en se détruisant brusquement, des effets comparables à des explosions. Nous avons déjà eu l'occasion, au début de ce chapitre, de signaler des manifestations de ce genre. Nous reviendrons ultérieurement sur ce caractère qui est, du reste, une conséquence de la nature endothermique de l'équilibre vital.

Signification véritable du règne végétal.

Les végétaux, comme nous l'avons vu, ne possèdent qu'une faible énergie de vitalité, ne dépassant pas la moitié de celle des animaux. On peut attribuer ce fait en partie à ce que la proportion de matière vivante est encore plus faible chez eux que chez les animaux. Mais il existe, à mon avis, une autre raison qui peut se formuler par l'aphorisme suivant :

Les végétaux sont des animaux dégradés.

Il y a, en effet, chez eux un affaiblissement considérable des caractères distinctifs des êtres vivants et particulièrement de la personnalité dont les manifestations principales sont la sensibilité et le mouvement. Ils portent, d'autre part, des stigmates non équivoques de décadence caractérisant le parasitisme.

Cette dernière thèse peut, au premier abord, paraitre paradoxale, puisque le plus grand nombre des végétaux possède une vie indépendante. Mais établissons des comparaisons : comme la Lernée qui vit fixée sur le flanc des poissons, comme la Sacculine, comme les vers parasitaires, ils trouvent leur nourriture abondamment répandue autour d'eux ; ils n'ont plus qu'à l'absorber, qu'à la digérer ; par les racines ils aspirent les sucs de la terre, par les feuilles les éléments aériens, et la lumière vient leur prodiguer l'énergie nécessaire à la digestion de ces diverses substances. Ils n'ont plus besoin de se mouvoir pour la recherche de leur subsistance, plus besoin d'appareils sensoriels pour explorer l'espace autour d'eux ; ils ne sont plus guère qu'un appareil de digestion et de reproduction. Le *summum* de la dégradation est, du reste, atteint chez les végétaux réellement parasites sur d'autres êtres vivants, les champignons, les Cuscutes, les Orobanches, les Cytinées, réduits absolument à un axe de succion et à des fleurs ou des sporanges.

Comme la Lernée et la Sacculine, ils subissent à partir de leur naissance une régression dégradante. La Lernée apparaît d'abord sous l'aspect d'un petit crustacé très agile ; la larve se fixe alors sur un animal aquatique, ses organes locomoteurs et sensoriels s'atrophient, l'animal devient méconnaissable : ce n'est plus qu'une trompe de succion et un sac à œuf. La Sacculine passe par des phases analogues.

Nous voyons la même transformation dans les zoospores des algues pourvues de mouvement volontaire et de sensibilité, et se fixant à un moment donné pour devenir immobiles et pousser des organes de succion minérale. Les anthérozoïdes des cryptogames offrent momentanément aussi des manifestations de la personnalité animale, mais bientôt l'immobilité fait place au mouvement et la personnalité s'obscurcit.

Ce sont également ce même affaiblissement de la mobilité et la fixation au sol sous-marin qui ont fait donner à divers représentants des embranchements inférieurs du règne animal le qualificatif général de zoophytes (animaux-plantes), parce qu'on croyait autrefois qu'ils étaient, en quelque sorte, des termes de passage entre les deux règnes.

Cependant, de distance en distance on voit réapparaitre dans le règne des plantes des signes non équivoques de sensibilité et de mouvement dirigés vers une finalité voulue, et Claude Bernard a démontré que les phénomènes fondamentaux de la vie sont les mêmes dans les deux règnes, avec une différence considérable d'intensité toutefois.

On conçoit dans ces conditions que le bilan d'énergie vitale des végétaux soit très faible, bien plus faible que chez les animaux, puisqu'ils n'ont point à faire face à des exigences multiples auxquelles ceux-ci sont assujettis.

On pourrait comparer leur cas à celui d'un État qui aurait été jadis florissant et serait ensuite tombé en décadence : son budget aurait fatalement suivi la même marche descendante. Ne dit-on pas, du reste, dans le langage courant qu'un individu, qu'une entreprise végète, lorsque l'un ou l'autre ne vit que tout juste et ne parvient pas à conquérir une place honorable dans la Société? Pour beaucoup de personnes, un végétal est chose à peine vivante, et tel qui hésiterait à faire souffrir un animal n'aura aucun scrupule à couper, trancher dans une plante et à s'en nourrir.

Il est vraisemblable qu'à l'origine tous les organismes primitifs étaient tous plus ou moins capables d'assimiler les substances minérales non encore organisées, alors même qu'ils n'étaient pas pourvus de chlorophylle. M. Winogradsky a signalé la découverte d'un microbe nitrificateur qui, placé à l'obscurité dans une solution nutritive *totalement privée de matière organique,* a néanmoins augmenté de poids en accomplissant la synthèse de sa propre substance[1]. Il devait en être de même pour tous les protorganismes.

Mais bientôt un perfectionnement est apparu, c'est la création d'un pigment chlorophyllien qui favorise dans une proportion considérable l'utilisation de l'énergie lumineuse du soleil. Beaucoup d'êtres se revêtiront de ce pigment qui n'est point, du reste, spécial aux végétaux et que l'on retrouve, en effet, chez un grand nombre d'animaux inférieurs et même chez des métazoaires, les Orthoptères, par exemple, et particulièrement chez les Phyllies qui simulent l'aspect de feuilles vertes ; et chez tous les êtres elle sert au même but, digestion, sous l'action de la lumière, de l'acide carbonique de l'air. Il est probable qu'il en est de même chez les Batraciens et les Reptiles colorés en vert ; du reste, la chlorophylle a été rapprochée comme composition de la matière rouge du sang.

Sous le coup d'une évolution plus accentuée, certains des premiers êtres chlorophylliens ont aiguillé dans le sens végétatif; la fonction chlorophyllienne est devenue prépondérante et la personnalité s'est affaiblie. Les autres êtres, au contraire, trouvant plus commode de dévorer les végétaux ou de se dévorer entre eux, ont définitivement conservé le caractère animal ; comme il leur fallait rechercher eux-mêmes leur pâture, l'exercice des fonctions de relation devenait une nécessité de premier ordre, et motricité et sensibilité ont été, à l'encontre des premiers, en s'exaltant de plus en plus.

[1] Aubert, *Histoire naturelle des êtres vivants*, 1894, t. 1, p. 485.

*Diverses formes de restitution de l'énergie
de vitalité.*

Dans la restitution de l'énergie de vitalité, la chaleur est certainement la forme dominante et dernière ;
il en est de même, du reste, dans toutes les autres
manifestations des forces naturelles ; mais elle n'est
pas toujours seule au début.

Il y a d'abord la forme « *mouvement* ». Dans l'agonie, qui n'est que le commencement de la mort, il se
produit des mouvements plus ou moins désordonnés ;
ces mouvements peuvent encore se manifester dans
certains cas de décès rapide, par le choléra ou la fièvre
typhoïde, par exemple, bien après le commencement
de la mort irrémédiable, de la mort légale. Après la
décapitation de suppliciés ou d'animaux d'expérience,
des mouvements peuvent se produire spontanément
pendant fort longtemps, ou peuvent être provoqués
par l'action galvanique ; ils s'éteignent en même temps
que le mouvement vital élémentaire.

Nous verrons ultérieurement, au chapitre VIII, que
la production du mouvement est intimement liée à la
destruction des éléments vitaux. L'énergie active en
fait les frais à chaque instant, jusqu'au moment où,
n'étant plus renouvelée, elle disparaît en même temps
que la possibilité de leur production.

La forme « *électricité* » se rencontre également et
mérite dès maintenant une mention spéciale. On la
retrouve plus ou moins nettement caractérisée dans
toutes les manifestations vitales ; mais c'est surtout

chez les poissons électriques qu'elle se montre avec une netteté merveilleuse.

On sait que, chez ces animaux, l'électricité prend naissance dans de nombreux petits prismes divisés par un grand nombre de cloisons transversales en alvéoles empilées les unes sur les autres ; chaque alvéole renferme une substance gélatineuse et une lame électrique. Un rameau d'un nerf spécial vient s'épanouir sur une des faces de la lame, et c'est toujours la même face dans toutes les alvéoles ; c'est là que se fait la séparation des fluides au moment où le nerf agit. Le point extrêmement important pour nous, qui a été mis en lumière par les physiciens et les physiologistes, est le suivant :

La *face nerveuse* de la lame électrique est *toujours électro-négative*, l'autre face étant électro-positive.

Or, au moment de l'excitation, la face nerveuse devient nécessairement le siège de destruction d'éléments vivants ; car, comme nous le verrons ultérieurement, toute manifestation vitale est corrélative de l'action destructive de la mort.

En généralisant la proposition, nous sommes amenés à conclure que la mort d'un tissu doit être accompagnée d'une production d'électricité dans laquelle ce tissu serait négatif.

J'ai soumis cette présomption au contrôle de l'expérience qui l'a confirmée en tout point. Voici, du reste, la méthode mise en jeu :

1° Un tissu vivant ou un être vivant de petite taille est traité partiellement par des agents de destruction (action mécanique, fer rouge, eau bouillante, agents chimiques, poisons, etc.) ; deux fils de platine ont été immergés, l'un dans la région conservée intacte, l'autre dans celle qui est soumise à ces agents, le circuit est fermé par un galvanomètre à réflexion muni d'un cadre de grande résistance. Voici le résultat :

De quelque façon qu'on provoque la mort, un tissu qui meurt est toujours négatif vis-à-vis de celui qui survit.

2° Le tissu vivant ou l'être vivant est en entier soumis à l'action destructive ; il repose sur une plaque de tissu mort porté lui-même par une lame de platine ; le circuit étant fermé de la même façon et l'opération conduite comme précédemment, on trouve que :

Un tissu qui meurt est également négatif par rapport à un corps conducteur sur lequel il repose.

La loi se vérifie également avec les végétaux, mais le courant engendré est toujours beaucoup plus faible.

J'ajouterai qu'aucun effet semblable ne se produit avec un tissu mort, et qu'avec le tissu vivant le courant est temporaire et s'éteint avec la vie elle-même ; il ne saurait y avoir de doute à cet égard.

Comme expérience démonstrative, je signalerai le dispositif suivant : les deux fils de platine sont enfoncés aux deux bouts d'un organe allongé, un muscle, par exemple, ou un animal tout entier. Une moitié des corps en question est engagée au-dessous d'une presse qui peut s'abattre subitement et avec violence et réduire cette extrémité en bouillie. L'index lumineux du galvanomètre étant au zéro, on provoque l'écrasement de cette moitié : à l'instant même l'index lumineux est lancé *avec force* dans le sens prévu ;

une sorte de décharge brusque traverse le galvanomètre.

Nous avons là incontestablement la véritable explication de la décharge de l'organe électrique élémentaire de la torpille : la production d'électricité dans
l'organe électrique des poissons est incontestablement subordonnée à la destruction, à la mort d'éléments vitaux provoquée par l'influx nerveux. Il se
peut que des causes secondaires, comme la force
électro-capillaire, ainsi que l'a montré M. Lippmann,
viennent ajouter leurs effets; mais il est certain que
la cause dominatrice, ici comme partout, c'est la
mort! Nous retrouvons encore ici le caractère explosif
de l'équilibre endothermique du mouvement vital :
l'explosion revêt un caractère électrique.

Faut-il voir dans la loi qui régit la distribution des
fluides électriques une corrélation avec celle qui
gouverne les actions hydro-électriques des piles : « *le
corps attaqué, le corps qui se dissout est négatif* » ?
C'est ce qu'il est assez difficile de décider. Toutefois,
il n'y a rien d'improbable.

En résumé, nous voyons que la restitution de l'énergie de vitalité peut affecter les trois formes : *chaleur,
mouvement, électricité*. En dernière analyse, la chaleur, absorbant les deux autres, reste seule.

Emmagasinement de l'énergie de vitalité.

La réciproque de ce que nous venons d'établir est
également vraie.

Si la vie, en se détruisant, libère de l'énergie, inversement la procréation de la vie a dû être accompagnée d'un emprunt d'énergie. Nous reviendrons ultérieurement sur ce sujet.

De la même façon, toute extension de la vie est corrélative d'une absorption de force vive empruntée aux agents physiques. Signalons quelques exemples typiques :

1° Les végétaux s'accroissent en absorbant les radiations solaires, principalement les radiations calorifiques.

2° Si l'on prend la chaleur spécifique d'un œuf de poule fécondé en le plongeant froid dans un calorimètre contenant de l'eau tiède, on lui trouve une chaleur spécifique plus grande que pour un œuf non fécondé; ce surcroît de capacité calorifique s'explique par l'énergie absorbée par le développement du germe. C'est pour la même raison que les oiseaux couvent leurs œufs et que la région ventrale de leur corps devient alors le siège d'une calorification intense. La chaleur nécessaire à la germination des graines est, suivant toute vraisemblance, en partie absorbée par l'embryon.

3° On sait que les jeunes animaux, les jeunes enfants mangent plus, relativement à leur poids, que les adultes, surtout dans les périodes de croissance active.

A la vérité, une partie de l'énergie absorbée est employée à des travaux d'ordre chimique, comme la décomposition de l'acide carbonique chez les végétaux et la création de substances organiques diverses dans les deux règnes, ou à des travaux mécaniques tels que l'édification des divers appareils de l'organisme. Mais une partie aussi est incontestablement employée à doter chaque cellule nouvelle d'un fonds d'énergie vitale qui lui est indispensable pour remplir le rôle qui lui est dévolu.

4° Enfin, la vie active est un balancement incessant entre la mort et la rénovation. Si, d'une part, elle libère constamment de l'énergie sous forme variée par la mort partielle, elle fait, d'autre part, un emprunt continuel aux sources de forces vives du monde extérieur pour subvenir aux dépenses et maintenir l'équilibre. Cette importante question sera étudiée en détail dans la suite de cet ouvrage.

Considérations philosophiques.

La philosophie pourra, sans doute, puiser dans ces résultats quelques éclaircissements sur certains points controversés qu'elle chercherait vainement à élucider en dehors des données scientifiques.

En particulier, arrêtons-nous un instant sur le rôle du noyau de la cellule. Dans un autre chapitre, nous nous étendrons plus longuement sur ses propriétés générales; pour le moment, il nous suffira d'indiquer que le noyau est le gardien des traditions organiques reçues des ancêtres, qu'il renferme le plan d'ensemble de l'édifice organique et qu'il a charge de le faire exécuter sous son contrôle permanent. Tout ce qui

fait que deux individus ne sont pas identiques, que
Pierre n'est pas Paul, aussi bien au physique qu'au
moral, tout cela est contenu dans le noyau cellulaire
à l'état de documents dynamiques. Or, comme à un
moment donné il n'y a qu'une cellule et, par conséquent, qu'un seul noyau, que cette seule cellule,
l'œuf, est l'équivalent de tout ce qui suivra, et que
cet unique noyau renferme à l'état potentiel la personnalité tout entière de Pierre ou de Paul, il en
résulte, pour quiconque raisonnera sans parti pris et
sans idée préconçue, que cette puissance vive du noyau
n'est pas autre chose que *l'âme* des philosophes.
L'âme est l'énergie du noyau.

Il était à présumer, en effet, que cette conception, qui
a été acceptée, non seulement par la plupart des philosophes, mais aussi par des naturalistes [1] qui étaient
encore bien plus à même de se rendre compte des
propriétés de la matière vivante, devait correspondre
à une certaine réalité physique.

Par la division de l'œuf, l'organisme tout entier
s'édifiera; en particulier, le système nerveux concen-
trera à un haut degré les qualités intellectuelles héré-
ditaires auxquelles se joindront les acquisitions dues
à l'éducation. Il sera particulièrement le siège du
développement *psychique* de l'être vivant. Mais, au
fond, une cellule nerveuse vaut une cellule quelconque
de l'organisme. Par ailleurs, au lieu du développement psychique, se produira le développement mus-

---

[1] De Quatrefage. *L'Espèce humaine*, p. 11, 1877. — Ed. Perrier.
Les Colonies animales, p. 780, 1881. — H. Milne-Edwads. *Cours
de physiologie et d'anatomie comparée*, t. XIV, 1879.

culaire, le développement sécrétoire, osseux, etc., toujours sous l'action directrice du noyau, c'est-à-dire, de l'âme cellulaire.

Lorsque les Cartésiens admettaient, d'une part, une âme dirigeant les fonctions intellectuelles et, d'autre part, des esprits animaux dirigeant le corps, ils n'étaient pas très loin de la réalité. Mais leur erreur était de faire une distinction entre les deux sortes de principes directeurs ; la vérité est qu'il n'y en a qu'un. Les âmes de toutes les cellules, quelles qu'elles soient, sont nécessairement identiques, puisqu'elles proviennent toutes du même noyau primitif par voie de dédoublement. On peut les comparer aux citoyens d'un même pays, tous animés d'un même sentiment national et cherchant l'intérêt et la grandeur de leur patrie ; ils sont tous égaux, mais ils jouent des rôles différents. Il y a des fonctions élevées, il y en a d'inférieures ; mais toutes ont leur utilité et concourent à la conservation de l'unité nationale, sorte de personnalité d'ordre supérieur due à la synergie d'individualités très nombreuses mais solidarisées.

Et maintenant n'est-il pas étrange de constater que l'âme, cette entité qui semblait devoir être à jamais soustraite à la curiosité de l'homme et que l'on disait être d'essence tellement extra-matérielle que ses investigations ne pourraient jamais l'atteindre, n'est-il pas étrange, dis-je, qu'elle puisse être jaugée, mesurée, qu'on puisse l'évaluer en unités énergétiques ?

Que devient l'âme pendant que la mort accomplit son œuvre ?

Considérons, en particulier, le cas de ces malheureux faméliques de l'Inde dont il a été question plus haut. Ceux qui résistent doivent avoir, suivant une locution familière, mais bien expressive ici, l'âme chevillée dans le corps. C'est qu'en effet, arrivés au dernier terme de la consomption, ils ne conservent plus guère dans leurs cellules que l'énergie nucléaire. Si les secours arrivent à temps, ils pourront être sauvés ; autrement le noyau lui-même est atteint et la mort est fatale, quoi qu'on puisse faire[1]. L'énergie nucléaire, c'est-à-dire l'âme, se dissipe à son tour et l'unité vivante est anéantie à jamais !

La mort est comparable à un combat dans lequel l'organisme a le dessous. L'agonie (du grec ἀγωνία, combat) n'en est que le commencement. De quelque façon que la mort envahisse l'organisme, soit par accident violent ou par expérimentation comme dans mes recherches, soit par maladie ou épuisement, le processus est toujours le même. C'est l'énergie active qui donne la première et succombe, puis c'est l'énergie de réserve qui succombe en second lieu, enfin c'est le tour de l'énergie nucléaire. Comme un chef d'armée qui, dans une défaite complète, resterait sur le champ de bataille le dernier, le noyau ne meurt que le dernier. L'âme s'éteint et tout est fini ! « Σὺ γὰρ οὐκ ἔσει : *Car quand tu seras mort, tu ne seras*

[1] Dans ces grandes famines on constate ce fait étrange que les décès sont les plus nombreux au moment où elles prennent fin ; le plus souvent les aliments distribués provoquent une attaque du tube digestif qui précipite le dénouement final. — Voir *La Nature*, 1892, II, p. 173.

plus rien du tout[1]. » Les « *au-delà* » n'existent
pas !

Une conséquence bien inattendue de cet étirement
en longueur de la restitution de l'énergie vitale est la
suivante. Pour une masse aussi considérable que le
corps humain, et surtout dans le cas de mort violente,
la dissipation complète de cette énergie n'est atteinte
qu'au bout d'un temps considérable. Ce dernier
souffle, que l'on prend pour la fin, n'est que le commencement de la fin. L'âme, que l'on croit échappée,
se cramponne, si je puis dire, à la matière et ne
lâche prise que fort tard. Et tel serait bien surpris
auquel on viendrait dire qu'entre les quatre planches
qu'il conduit en terre, l'âme du mort n'est, peut-être,
pas encore complètement éteinte.

Il est intéressant de rapprocher de ces considérations les croyances anciennes d'après lesquelles l'âme
ne quittait le corps qu'à regret et continuait à hanter
les lieux de sépulture ; de là ces pratiques d'offrandes
aux morts, et ces dépôts dans les sarcophages des
objets qui leur étaient familiers et particulièrement
de substances alimentaires.

L'organisme vivant ressemble à une banque. En
temps normal, il y a un continuel roulement de numé-
raire entrant et sortant, c'est l'énergie active, disponible et constamment renouvelée. Il y a en même
temps une réserve de valeurs destinée à faire face
aux éventualités et sans laquelle ce genre de

---

[1] On sait que cette traduction de la phrase de Platon (*Dialogues
de Socrate*) valut à Étienne Dolet d'être exécuté et brûlé avec
ses livres sur la place Maubert, à Paris, en 1546.

négoce ne saurait subsister un seul instant ; en particulier, dans les cas pressants on y fait appel. C'est l'énergie de réserve. Mais il faut bien se garder de dépasser une certaine mesure, d'entamer un certain noyau qui est l'apport primitif ayant servi de point de départ à ce commerce et qui en est l'âme créatrice : autrement il ne reste plus rien pour faire face aux nécessités courantes : c'est la ruine, c'est la mort de l'entreprise. Ce qui prouve, en passant, que dans les organismes vivants, aussi bien que dans les institutions humaines, il faut traiter le capital avec ménagement.... *sous peine de mort !*

Comme je l'ai annoncé au début, l'énergie de vitalité est le mot de l'énigme, *la mort démontre la véritable signification de la vie.* Comment se fait-il que la biologie ne repose pas depuis longtemps déjà sur une donnée qui s'impose à la raison, depuis surtout la démonstration de l'universalité du principe de la conservation de l'énergie ?

Ce qu'il y a de plus étrange dans l'espèce c'est que, bien avant que Helmholtz ait magistralement établi ce principe, c'est précisément à propos de la vie qu'il a été soupçonné en premier lieu, et cela dès l'antiquité, puisqu'il a été admis qu'après la mort il subsistait une certaine puissance vive représentative de la personnalité éteinte.

Point n'est besoin de faire remarquer que l'interprétation était bien différente de celle qui ressort de ce chapitre, et qu'il n'était point question de mensurations calorimétriques, et pour cause. Mais enfin l'idée était la même : rien ne se perd, pas plus en biologie que nulle part ailleurs. Ainsi l'exige l'inflexible comptabilité de la Nature.

Pourquoi les modernes n'ont-ils pas poursuivi cette indication, en lui donnant un caractère scientifique ? Ils en ont été sans doute détournés par des idées systématiques préconçues, ou encore parce qu'ils ont voulu voir, quand même, dans la vie une question de chimie, une question d'orientation spéciale des atomes des corps protoplasmiques, tandis que la vie est bien réellement une dépendance de la physique ou, si l'on aime mieux, de la mécanique universelle.

Quand on dit que le magnétisme est une propriété du fer, on commet une véritable erreur. Le magnétisme est une modalité de mouvement; il peut exister en d'autres substances que le fer, et même en dehors de la matière pondérable. Le fer est son milieu favori; cela est incontestable, mais c'est tout. De même les corps albuminoïdes sont par excellence les substances propres à contenir la vie ; mais ils ne sont pas la vie, pas plus que le fer n'est le magnétisme. La vie est autre chose.

CHAPITRE IV

La vie est un mouvement de l'éther.

Dans ces dernières années, des essais de théorie des phénomènes biologiques ont surgi en grand nombre, surtout en Allemagne. Ces systèmes ont le caractère commun de localiser le principe vital dans la matière pondérable, dans des agrégats très petits de matière protoplasmique désignés, suivant les auteurs, sous les noms de microzimas, gemmes, gemmules, plastides, plastidules, bioblastes, plasomes, germes, micelles, etc., etc. On trouvera l'exposé très complet de tous ces systèmes dans l'ouvrage de M. Delage sur *La structure du protoplasma*[1]. On y verra également la critique impartiale de chacun d'eux, qui conduit l'auteur à cette conclusion qu'aucun de ces systèmes n'est en état de résoudre la question d'une façon satisfaisante. L'auteur se croit obligé à son tour d'en esquisser un nouveau ; il ne me parait pas plus heureux que ses devanciers. Le même reproche s'adresse également à lui, à savoir, de cantonner la vie dans la matière pondérable. De plus, les propriétés qu'il lui attribue sont singulièrement

---

[1] Y. Delage. *La structure du protoplasma et les théories sur l'hérédité ;* 1895, Reinwald, Paris.

vagues et indécises, alors qu'on désirerait voir des principes rigoureux et mathématiques.

La mécanique ne triomphe pas; donc la vérité n'est pas là. *Car la mécanique domine tout!*

Dans un travail plus récent encore, intitulé *Théorie nouvelle de la vie* [1], M. Le Dantec ne réussit pas mieux à jeter un peu de lumière sur la question. On ne sort pas satisfait de la lecture de ce laborieux travail; on ne voit pas avec netteté ce qu'est la vie et ce qu'elle n'est pas. Et cependant, la vie et la mort, c'est le jour et la nuit!

Si l'on ajoute que les grands problèmes dynamiques de la biologie, production de mouvement, de chaleur, de lumière, d'électricité, etc., ainsi que la question d'origine ne reçoivent pas d'explication satisfaisante, ou sont éludés, on est en droit de conclure que rien n'est fait, que la solution n'est pas là et qu'il convient de rompre définitivement avec les anciens errements.

Si l'on s'inspire des travaux des physiciens et des chimistes, on voit qu'il existe actuellement une tendance générale à rapporter tous les phénomènes de la Nature à des modalités du mouvement, et à faire jouer un rôle considérable à l'éther regardé, du reste, comme l'élément primordial. Rattacher la vie à certains mouvements de l'éther est une conception séduisante qui ne pouvait manquer d'être indiquée.

M. Ed. Perrier, dans l'ouvrage déjà cité, regarde comme très vraisemblable cette nouvelle interprétation. Il termine, toutefois, en disant que ces sortes de

---

[1] Le Dantec. *Théorie nouvelle de la vie;* 1896, Félix Alcan, Paris.

recherches dépassent la tâche du naturaliste [1]. Je suis également de son avis : ce n'est pas dans la biologie pure qu'il faut chercher la solution de la biologie, mais dans sa comparaison avec les phénomènes du monde physique ; et ç'a été précisément l'erreur et la cause d'insuccès des chercheurs de s'obstiner à rester dans la biologie.

Le rattachement de la vie à l'éther n'est pas, du reste, une entreprise aussi ardue que semble le croire l'auteur des *Colonies animales*. Il suffit, en effet, de grouper dans un certain ordre une série de faits déjà connus pour édifier cette doctrine nouvelle. C'est ce que nous allons entreprendre.

Pour terminer le procès de la matière pondérable et avant de provoquer l'entrée en scène de l'éther, insistons une dernière fois sur ce point que rien dans la matière pondérable ne ressemble réellement à la vie. Nous avons bien pu, dans le chapitre précédent, tenter à nouveau une comparaison, depuis longtemps indiquée, entre les machines thermiques et les êtres vivants. Pour pouvoir la soutenir jusqu'au bout, nous avons dû faire appel à un élément étranger aux machines, l'élément directeur, intelligent, qui appartient seulement aux êtres vivants ; cela seul constitue une sorte de pétition de principe et montre suffisamment que la comparaison était forcée. Mais il y a plus : la conclusion de ce rapprochement est qu'il est impossible d'expliquer la production du mouvement chez les êtres vivants par les propriétés de la matière pon-

[1] Ed. Périer, *Loc. cit.*, p. 780.

dérable et qu'on est dans l'obligation de faire intervenir un nouvel agent qui ne saurait être autre que l'éther lui-même.

Dans le domaine de l'éther, au contraire, il va nous être facile de mettre en lumière des analogies et des coïncidences de la plus haute importance.

L'électricité, qui n'est en définitive qu'une modalité d'action de l'éther, va nous offrir des termes de comparaison bien intéressants et qui, à mon sens, sont de nature à lever toute hésitation.

Je prendrai tout d'abord l'étude de la machine de Holtz. Je ne crois pas qu'il existe quoi que ce soit rappelant la vie d'une façon aussi frappante que la période d'activité de cette machine, et la mort que son désamorçage.

Tant que l'amorce électrique nécessaire n'a pas été déposée sur les inducteurs, l'appareil n'est qu'un assemblage inerte de plateaux de verre et de conducteurs isolés ; mais, lorsque le levain électrique a été introduit, tout se transforme instantanément comme dans un changement à vue ; la machine *s'anime* et un torrent de feu électrique s'écoule entre les deux pôles.

Entre les mains habiles du physicien, l'appareil se prête avec docilité à toutes ces manifestations si surprenantes et si variées de l'électricité à haute tension : la machine vit.

Et maintenant, donnons un ou deux tours en arrière : tout est fini, la machine est désamorcée ; cette manœuvre a eu, en effet, pour conséquence d'affaiblir progressivement la charge des inducteurs.

La machine est redevenue inerte ; elle est électriquement morte ; c'est un cadavre. Et cependant elle est identiquement semblable à elle-même au point de vue matériel : tout est en place, les conducteurs ne sont pas modifiés, les plateaux ne le sont pas davantage, les inducteurs occupent exactement la même position. Mais l'amorce primitive, *l'âme* de la machine, s'est éteinte et tout est fini[1]. L'appareil n'est plus qu'un corps sans âme, un cadavre ; et ici, comme dans l'être vivant, la matière pondérable n'a joué qu'un rôle de support. La charge des inducteurs correspond à *l'énergie nucléaire*.

Or, combien est faible cette âme, cette première mise inductive par rapport à l'énorme quantité d'électricité mise en jeu sous son influence ? C'est que, malgré sa très faible masse, elle possède une véritable puissance dominatrice ; c'est elle qui oblige l'énergie mécanique à se transformer en énergie fluidique.

Mais examinons les choses de plus près. Sous l'influence de l'amorce électrique, des dénivellations fluidiques s'opèrent sur le plateau mobile et sur les conducteurs ; ce déplacement des fluides correspond à une certaine quantité d'énergie. Si l'on fait tourner la machine, cette énergie va être dépensée dans la production d'un flux électrique interpolaire ; mais elle est constamment régénérée aux dépens du travail communiqué à la manivelle et sous l'action influençante des inducteurs.

---

[1] Il est intéressant de rappeler que les anciens expliquaient les propriétés de l'ambre par l'évocation d'une âme par le frottement.

Nous avons ainsi la représentation exacte de *l'énergie disponible et renouvelable ou énergie active*, et nous voyons d'autre part le rôle dominateur de l'amorce qui correspond à celui du noyau de la cellule. Dans les deux cas, l'énergie directrice reste intangible et constante ; elle ne s'use pas et continue à commander la transformation de l'énergie venue de l'extérieur, tant qu'elle-même n'est pas atteinte dans son intégrité.

A la vérité, ici l'énergie disponible et renouvelable est fournie à l'appareil sous forme de travail mécanique, tandis que dans l'organisme vivant la source en est dans les réactions chimiques. Il faut remarquer, toutefois, que dans les deux cas cette provision est tirée de l'extérieur, soit sous forme de mouvement, soit sous forme d'aliment, et que l'énergie communiquée est transformée suivant un mode différent en rapport avec la différence d'organisation, mais dans les deux cas, par l'action dominatrice du principe directeur, l'inducteur ou le noyau.

Il est d'usage d'armer les pôles de la machine de deux bouteilles de Leyde. Sous cette forme, elle rappelle encore davantage l'organisme vivant élémentaire. Supposons, en effet, que nous intercalions entre les deux pôles une résistance suffisamment grande pour maintenir sur eux une différence de potentiel appréciable, une corde de chanvre légèrement humide, par exemple, et que nous fassions marcher la machine ; les condensateurs se chargeront jusqu'à ce potentiel et resteront dans cet état, tandis qu'un courant, représentant l'énergie disponible et constamment renouvelée, circulera dans la corde. La masse électrique des bouteilles correspondra à l'*énergie de réserve* du protoplasme. Si la machine vient momentanément à s'arrêter ou à se ralentir, cette réserve d'électricité s'écoulera à son tour et continuera le courant pendant un certain temps ; elle fait fonction de volant électrique, comme l'énergie de réserve du protoplasme fait fonction de volant vital. On sait du reste que la machine marche beaucoup mieux lorsque les pôles possèdent une certaine capacité.

Si les pôles ne sont pas reliés par un conducteur continu, les condensateurs permettront d'obtenir, d'intervalle à intervalle, de violentes explosions ; on peut rapprocher de ce fait le déploiement d'énergie parfois considérable que l'organisme peut momentanément et subitement développer, en cas de danger grave, par exemple. Ici encore nous sommes amenés à comparer une manifestation biologique, brusque et énergique, à une explosion.

Dans des conditions favorables, la machine peut rester amorcée fort longtemps ; si l'on ne fait pas tourner le plateau mobile, aucune manifestation extérieure n'apparaît et, cependant, la machine est animée : c'est *la vie latente*. Vient-on à faire mouvoir à nouveau le plateau, tout réapparaît : c'est *la vie active*. A la longue, l'énergie de l'amorce électrique tend à baisser par suite de la déperdition ; on a même imaginé divers systèmes pour contrebalancer les pertes qui sont surtout considérables dans une atmosphère humide ; si la perte du levain inducteur est un peu trop forte, la machine se désamorce.

On peut rapprocher cet effet de celui qui se produit

dans les maladies graves ; passé une certaine perte d'énergie vitale, le malade ne peut plus reprendre le dessus, l'issue est fatale. On a encore une analogie dans la diminution de la faculté germinative des graines avec le temps, à la suite d'une altération des éléments protoplasmiques par l'air et la lumière qui finit par atteindre le noyau. Ainsi, dans l'un comme dans l'autre cas, lorsque l'énergie centrale est atteinte, énergie des inducteurs, énergie du noyau, la mort est fatale.

Un autre parallèle bien remarquable réside dans ce fait que la cellule vivante, pas plus que la machine de Holtz, ne peut se réamorcer d'elle-même, une fois éteinte ; la mort est irrévocable.

Dans l'un comme dans l'autre cas, il faut qu'une nouvelle amorce soit réintroduite dans le mécanisme devenu inerte.

Pour la machine de Holtz, ce sera une certaine masse électrique à un potentiel suffisant ; elle se ranimera et reprendra toutes ses propriétés primitives. Ici, c'est une âme identique à la précédente et déterminant les mêmes effets.

Les choses se passent un peu différemment pour le cadavre. Suivant que la nouvelle amorce vivante consistera en un œuf d'insecte, une graine de végétal, une spore de moisissure ou de bactérie, l'évolution ultérieure présentera une direction toute différente. C'est qu'ici chaque amorce vitale, chaque âme, a sa personnalité propre et distincte.

L'étrange doctrine de la métempsychose est rigoureusement le contrepied de la vérité ; ce n'est pas

l'âme du premier sujet qui transmigre dans un substratum nouveau. Au contraire, c'est le substratum
primitif qui, après extinction de la première âme, est
envahi par des âmes nouvelles et sert à la construction d'organismes qui n'ont d'autre relation avec le
premier que de lui succéder dans la matière et dans
le temps.

L'élément voltaïque va nous offrir un nouveau
champ de comparaison.

Les contacts des diverses substances qui le composent déterminent sur ses deux pôles une différence
de potentiel, variable d'un élément à l'autre et,
d'autre part, l'accumulation sur ces deux mêmes
pôles d'une certaine masse électrique qui dépend de
leur capacité. L'énergie ainsi mise à l'état de tension
est extrêmement faible.

Malgré cela, cette minime personnalité électrique,
si l'on peut dire, est capable de jouer un rôle de premier ordre, et l'on connaît les services qu'elle a rendus à l'humanité. Elle se subdivise, comme nous
venons de le voir, en deux parts : d'abord la différence de potentiel de contact ; c'est l'origine de tout
le reste, c'est *l'âme* ; dans les éléments non polari-
sables, elle reste constante et invariable jusqu'à
l'anéantissement même de l'élément.

Ensuite ce sont les deux masses électriques polaires, séparées sous l'action de l'âme ; elles repré-
sentent *l'énergie disponible et renouvelable*. En effet,
si l'on ferme le circuit, elles se recombinent, mais
sont instantanément régénérées, et ainsi de suite

indéfiniment ; et ici, comme dans l'organisme vivant, l'énergie est empruntée au jeu des forces chimiques, sous l'impulsion de l'âme, ou différence de potentiel, qui reste intangible.

Le circuit fermé, la circulation électrique établie, c'est *la vie active*; le circuit ouvert, c'est *la vie latente*.

L'âme de l'élément voltaïque, c'est-à-dire, la force électromotrice, varie d'un élément à l'autre suivant la nature des substances mises en contact. Il y a ainsi pour chacun d'eux comme une sorte de personnalité distincte, rappelant de loin les différences que présentent les diverses amorces vitales.

Dans la machine de Holtz et dans l'élément voltaïque, l'âme est d'ordre statique : c'est une certaine masse électrique en repos, ou une certaine différence de potentiel. Avec les machines d'induction, nous voyons quelque chose qui se rapproche davantage des conditions de la vie; l'amorce est d'ordre dynamique, c'est le mouvement magnétique, mouvement de l'éther, qui, comme nous le verrons ultérieurement, a de si grandes analogies avec le mouvement vital. Signalons seulement ici que, comme lui, il peut se maintenir indéfiniment et sans dépense au sein de la matière pondérable.

Supposons une machine dynamo-électrique dont l'électro-aimant soit capable d'un magnétisme rémanent assez intense, et admettons que le circuit de l'induit soit fermé.

Avant toute aimantation, l'induit tournera sans courant, comme le plateau de la machine de Holtz avant l'amorçage.

Aimantons maintenant l'électro-aimant en lançant temporairement un courant dans les bobines. Nous allons voir apparaître immédiatement le dualisme des deux énergies dominatrice et disponible. En effet, l'énergie du courant d'aimantation aura été employée en deux travaux, d'abord l'aimantation de l'électro que nous supposons désormais permanente ; mais, en même temps, il se sera produit une modification dans l'état de l'éther de l'induit, plongé maintenant dans un champ magnétique. Ses éléments impondérables sont désormais dans un état de tension qui constitue *l'énergie disponible et renouvelable.*

Si l'on fait tourner l'anneau, cette énergie s'écoule dans le circuit extérieur ; mais elle est régénérée à chaque instant par l'influence de l'inducteur, dont le rôle est uniquement de diriger la transformation de l'énergie mécanique en énergie électrique, sans prendre part à la dépense. L'inducteur joue le rôle de l'*âme.*

Le courant électrique va, sur son trajet, engendrer toutes ces manifestations si multiples qui ont modifié si complètement l'industrie moderne et nos habitudes ; c'est la vie électrique, si l'on peut dire, qui éclate ainsi sous toutes ses formes. Dans beaucoup d'installations on ajoute, auprès de la machine, une batterie d'accumulateurs qui, par l'intervention d'un conjoncteur-disjoncteur, peut brusquement entrer en jeu en cas de besoin ; nous retrouvons là encore le volant électrique, image du volant vital, *l'énergie de réserve*.

Ici encore les périodes de repos et de rotation de l'anneau correspondent à *la vie latente* et à *la vie active*.

L'inducteur correspond au noyau de la cellule, l'induit et ses annexes au cytoplasme enveloppant.

Si nous désaimantons l'inducteur, les deux énergies sont restituées sous forme de chaleur et la machine s'éteint.

Signalons encore l'analogie suivante : en définitive, l'inducteur et l'induit sont construits avec les mêmes matériaux, fer, fils de cuivre isolés, etc. ; les différences de distribution et de forme sont seules cause de leur différence de modalité d'action. Même observation pour la machine de Holtz. De même, le cytoplasme et le noyau sont formés de matières albuminoïdes analogues, mais la distribution et le rôle des mouvements vitaux élémentaires n'y sont pas les mêmes.

A un autre point de vue, machine de Holtz, élément voltaïque, machines dynamo-électriques, sont des transformateurs qui reçoivent l'énergie de l'extérieur sous forme cinétique ou chimique et la restituent en manifestations variées du courant électrique.

L'être vivant est également un transformateur ; la source de l'énergie est l'action chimique provoquée dans des aliments venus de l'extérieur, mais les transformations sont encore plus variées que dans les appareils précédents : la raison en est dans l'extrême complexité de l'agent directeur, l'âme, et sa variabilité à l'infini d'un individu à l'autre.

Ainsi, tandis que la matière pondérable ne nous offre rien d'analogue à la vie, au contraire, la statique et la dynamique de l'éther nous présentent des termes de comparaison d'une ressemblance frappante et qui n'est point due au hasard. Remarquons à nouveau que dans tout cela la matière pondérable ne joue que le simple rôle d'un support.

La production d'électricité par la dislocation de la cellule vivante, par la mort, est encore une preuve imposante de l'étroite liaison existant entre la vie et cette force physique qui est elle-même une manifestation de l'éther.

Le chapitre de l'électricité n'est pas le seul, du reste, à nous fournir des arguments décisifs.

Comment se fait-il que, dans les remarquables recherches modernes sur des froids descendant au-dessous de — 200°, notamment dans les expériences de M. Raoul Pictet, les graines des végétaux et les spores des êtres inférieurs conservent leur vitalité, alors que l'énergie de la matière pondérable tend vers zéro et que l'affinité chimique s'éteint?

Et, si tous les êtres vivants ne peuvent pas supporter de pareils abaissements de température, ce n'est pas que le froid arrête la vie; mais c'est qu'il disloque le support de la vie, les tissus, à telle enseigne que, pour certains végétaux, les jardiniers craignent en hiver non tant le froid que le soleil, les alternatives de gel et de dégel étant seules à redouter.

A la vérité, objectera-t-on, les propriétés de la matière pondérable réapparaissent quand la température
remonte. Soit; mais nous savons par expérience que,
lorsque le mouvement vital s'est éteint, c'est pour
toujours.

Au contraire, à ces températures extrêmes, toutes
les propriétés fondamentales de l'éther se conservent
sans altération, radiation, conduction électrique, magnétisme, etc. ; même certaines sont amplifiées. Le
froid passe par-dessus sans les atteindre. Il en est de
même de la vie, ce qui démontre une même nature de
substratum, l'éther. Nous retrouverons dans la suite
toute une autre série d'arguments, qui ne peuvent
prendre place ici, dans la genèse du mouvement,
de la chaleur, de la lumière, etc., chez les êtres
vivants.

Puis, enfin, quelle distance immense, infranchis-
sable entre les propriétés de la matière vivante et de
la matière minérale, si l'on considère cette multi-
plicité presque infinie de formes organisées, cette
complication qui déroute l'imagination, tant chez les
animaux que chez les végétaux, et enfin, chez les êtres
supérieurs et surtout chez l'homme, ce développement si prodigieux des facultés psychiques : rien de
tout cela dans la matière inerte, plus rien de tout cela
dans le cadavre !

Une seule chose dans le monde se rapproche de
cette merveilleuse puissance, c'est l'électricité avec
son étonnant polymorphisme et ses innombrables
propriétés. Faut-il s'étonner maintenant qu'elle prête
un si puissant concours à l'intelligence de l'homme

et puisse exécuter et transmettre aussi parfaitement sa pensée, étant de même nature ?

N'eût-il pas été étrange que l'éther n'intervînt pas dans les phénomènes vitaux, alors que nous le voyons jouer un rôle si grand dans le monde physique, à tel point qu'on le considère déjà comme le grand moteur universel. Si son intervention est reconnue indéniable dans à peu près tous les phénomènes de la matière minérale, à plus forte raison s'impose-t-elle dans ce mécanisme si étrangement compliqué qui constitue l'être vivant, que l'on pourrait appeler le chef-d'œuvre de la création. L'attraction de deux molécules, la combinaison de deux atomes le met en jeu, et il n'interviendrait pas dans les phénomènes biologiques ? c'est inadmissible.

Lamé, dans son *Traité de physique mathématique*, n'a-t-il pas prophétisé qu'un jour l'éther serait proclamé le roi de la Nature? Ce jour est proche si la vie est définitivement reconnue comme une modalité du mouvement de l'éther.

Le contraste est si saisissant entre la vie et la mort, par cela même que le cadavre ne diffère pas matériellement de l'être vivant, que l'on voit parfois même les animaux supérieurs flairer avec épouvante et stupeur le corps inanimé d'un de leurs semblables. C'est ce même déchirement suprême qui a conduit, à travers les âges, l'homme cherchant à comprendre la Nature, à la conception de systèmes philosophiques divers.

Tous les peuples s'accordent à voir dans la mort la disjonction d'un « quelque chose » plus subtil que la matière tangible. Le *concensus omnium*, sans être une preuve démonstrative, est certainement une indication précieuse ; c'est comme une sorte de pressentiment d'une grande vérité que devra consacrer plus tard la science, *seule philosophie de l'avenir*.

La vie nous apparaît donc, conjointement avec l'attraction universelle, la lumière et la chaleur rayonnante, l'électricité et le magnétisme, comme un des mouvements fondamentaux de la matière primordiale, de la matière universelle, l'éther.

CHAPITRE V

Les analogies de mouvements.

Il s'agit maintenant d'établir la nature et les caractères du mouvement vital.

A priori, nous pouvons affirmer que, puisqu'il ne se propage pas à l'extérieur à la manière de la lumière ou du son, les molécules d'éther doivent parcourir des courbes fermées et conserver des vitesses uniformes ou périodiques.

Mais il nous sera facile de pénétrer plus avant à l'aide des comparaisons que nous allons établir entre les manifestations du mouvement vital et des mouvements dont la nature intime est déjà connue. Pour cela, il nous faut commencer par définir nettement les caractères essentiels de la vie. Ces caractères doivent être communs à tous les êtres vivants, sans aucune exception, et permettre de les distinguer de la matière inanimée. Comme tout être animé est formé de cellules, que la cellule est l'élément vivant par excellence, ils doivent, en conséquence, être les caractères primitifs et fondamentaux de la vie cellulaire.

Ces caractères sont au nombre de cinq :

La personnalité, la segmentation, le fusionnement, la mort et le pouvoir chimique.

1° *La personnalité* consiste d'abord dans ce fait que tout être vivant est une unité distincte du milieu qui l'entoure ; cette unité oppose une résistance aux forces extérieures qui tendent à la détruire ; c'est cette résistance à la mort que Bichat prenait comme définition de la vie.

Cette résistance se traduit par ce fait que l'individu, après avoir ressenti la pression des agents extérieurs, réagit ensuite en vue de sa conservation : sensibilité et mouvement de résistance en sont la conséquence.

Ces caractères, très développés chez les animaux, existent également chez les végétaux, quoique très atténués, en raison de la faiblesse de leur énergie vitale ; mais il n'y a là qu'une affaire de degré.

Chaque individu n'est jamais absolument identique avec son voisin, alors même qu'il est de la même espèce ; chaque unité est aussi bien distincte des autres que du milieu ; elle suit une évolution propre et individuelle.

En second lieu, et c'est ici un des arguments les plus probants pour l'explication de la vie par le mouvement, cette unité se conserve avec ses caractères, malgré le changement incessant des matériaux chimiques qui composent sa masse. « *La matière change, mais la forme demeure.* »

La personnalité atteint son plus complet développement chez l'homme : la conservation des caractères individuels tant physiques qu'intellectuels, la mémoire, la conscience, la responsabilité sont ses manifestations supérieures.

2° *La segmentation* est une propriété fondamentale de la cellule ; lorsqu'elle a pris un certain développement, elle se divise en deux moitiés semblables jouissant exactement des mêmes caractères.

La division cellulaire est la base du mécanisme de l'accroissement de l'être vivant ; cette division peut être répétée un nombre immense de fois, ainsi l'organisme humain parti de la cellule unique de l'œuf doit renfermer, sous sa forme adulte, plus de 100 trillions de cellules.

La division cellulaire sert à la reproduction chez les êtres très inférieurs, animaux ou végétaux, réduits à une seule utricule ; chaque cellule séparée devient un individu nouveau.

La reproduction par segmentation s'observe encore chez les êtres plus élevés ; tel est le cas de la parthénogénèse de divers insectes, du bourgeonnement des cœlentérés, de la segmentation de certaines annélides. Elle est plus ou moins pratiquée chez les végétaux par l'apparition des spores, des propagules, des bulbilles, par le marcottage et le bouturage naturels ou artificiels.

3° *Le fusionnement* semble être la réciproque de la division cellulaire. En principe, deux cellules de même nature peuvent se fusionner partiellement ou complètement, temporairement ou d'une façon définitive.

Chez les animaux et végétaux les plus inférieurs, amibes et myxomycètes, nous voyons ce fusionnement s'opérer avec la plus grande aisance, grâce à l'absence ou à la résorption de la membrane cellulaire ; il se forme alors une sorte de gelée presque homogène ou une plasmodie diffluente.

Chez certains protozoaires, infusoires, noctiluques, etc., la soudure de deux individus unicellulaires est temporaire et, après avoir échangé une portion de leurs noyaux, ils se séparent avec un regain de vitalité.

Plus haut dans l'échelle des êtres, le fusionnement devient complet et définitif et donne naissance à une cellule plus active qui tend à vivre d'une vie indépendante ; c'est l'œuf destiné à former un nouvel individu. Le fusionnement de deux cellules semblables s'appelle la conjugaison.

Mais bientôt l'évolution croissante va rendre dissemblables les deux cellules destinées au fusionnement ; c'est le fait de la division du travail, et la sexualité apparaît. Le résultat, du reste, est le même : formation du germe d'un nouvel individu.

Ce mode de reproduction tend à supplanter plus ou moins complètement le premier provenant de la division cellulaire, ou bien très fréquemment alterne avec lui.

On peut, dans une certaine mesure, rapprocher du fusionnement cellulaire la propriété des tissus de même nature de se souder aisément. C'est le principe des greffes animales et végétales.

4° *La mort* est la cessation du mouvement vital. Elle est toujours accompagnée d'une restitution de chaleur qui en représente la force vive interne. Cette restitution peut revêtir également les formes mouvement et électricité.

La mort est provoquée soit par l'action destructive du milieu, accidents violents, maladies, infections microbiennes, etc., soit par l'usure générale et progressive de l'organisme. Cette dernière cause n'est pas sans analogie avec le sort final de nos machines industrielles.

5° *Le pouvoir chimique* est cette propriété que possède la vie d'engendrer toute une série de corps organiques ; et même, pendant longtemps, on a cru qu'elle était indispensable à leur synthèse.

A la vérité, par des procédés ingénieux, on est parvenu à obtenir artificiellement bon nombre de ces corps ; mais ces méthodes, toujours compliquées et spéciales pour chacun d'eux, sont bien loin de la merveilleuse simplicité et de la fécondité prodigieuse de la chimie cellulaire, dont nous voyons constamment des exemples dans la faculté qu'ont les végétaux d'organiser la matière minérale. Les animaux trouvent cette tâche tout accompli ; mais les transformations multiples, qu'ils font subir à la matière nutritive provenant des végétaux, montrent que le pouvoir chimique n'est pas moindre chez eux.

D'autre part, la substance minérale elle-même se pétrit également dans les tissus vivants d'une étonnante façon ; témoin ces admirables cristallisations de silice des radiolaires, des éponges siliceuses, ces formes si variées du test siliceux des diatomées ou calcaire des foraminifères, les coquilles des mollusques, les squelettes des polypes coralliaires, des échinodermes, des vertébrés.

Nous avons maintenant à rechercher dans le monde physique les modalités de mouvement dont les caractères offrent quelque ressemblance avec ceux que nous venons de définir.

Analogie avec les mouvements tourbillonnaires.

La première analogie qui a été signalée au commencement de ce siècle par Cuvier est la forme tourbillonnaire[1]. Les tourbillons ou remous qui prennent naissance dans nos cours d'eau ou dans l'atmosphère sont connus de tout le monde. Ces derniers, suivant leur importance, s'appellent les trombes, les cyclones, les tornades, les typhons, les tempêtes. Nous allons voir qu'effectivement ce mode de mouvement possède des caractères parallèles à ceux de la vie.

1° Chaque tourbillon a une sorte de personnalité nettement définie ; quoique formé de la même matière fluide que le milieu, il n'en constitue pas moins une unité distincte. Ainsi, un tourbillon atmosphérique nait dans tel endroit, il parcourt telle trajectoire et disparait dans tel autre endroit. Pendant toute sa durée il a conservé des caractères individuels, comme intensité, grandeur de développement, vitesse de

[1] Ed. Perrier. *Les Colonies animales*, 1881, p. 45.

translation, etc. Chacun a son histoire distincte dans les annales de la météorologie.

Ce qui a surtout frappé l'attention des physiologistes, c'est la permanence de la forme et des caractères au milieu du changement incessant de la matière formant le corps du tourbillon : ici encore la matière change, mais la forme demeure.

Remarquons, en outre, que la force vive qui anime le mouvement gyratoire lui permet de réagir contre les résistances qu'il peut rencontrer sur son passage. S'agit-il, par exemple, du relief d'une chaîne de montagnes, il glisse le long de cet obstacle, il le contourne jusqu'à ce qu'il ait trouvé une trouée, une issue qui lui permettra de passer outre. Comparez cette allure avec celle d'un infusoire vu dans le champ du microscope ; arrêté par un obstacle en rapport avec sa taille, il se comportera exactement de la même façon. Il y a évidemment là quelque chose qui rappelle la sensibilité et le mouvement réflexe des animaux, en un mot, la personnalité.

2° La segmentation est une propriété bien connue des mouvements tourbillonnaires. On a des exemples surabondants de division des remous de rivières, des trombes. Les grandes gyrations atmosphériques se segmentent aussi fréquemment. Le cône tournant se déforme momentanément et présente en section les diverses formes d'une lemniscate, pour aboutir au dédoublement[1].

---

[1] La lemniscate, $y^4 + 2(x^2 + c^2)\, y^2 + (x^2 - c^2)^2 = a^4$, se présente, on le sait, suivant les valeurs relatives de a et de c, sous

3° Le fusionnement de deux remous, de deux tourbillons, de deux trombes ou gyrations atmosphériques est également un fait d'observation ; il a lieu par un mécanisme inverse du précédent.

4° Tout mouvement tourbillonnaire a une durée limitée ; il s'éteint, meurt, en restituant son énergie interne. Ou bien la dissipation de cette énergie se fait progressivement sous forme de chaleur absorbée par le milieu. Ou bien le mouvement tournant, entravé par des obstacles résistants, s'acharne après eux, en s'usant lui-même : des forêts, des villes entières peuvent être saccagées ; affaibli par ce grand effort, il ne tarde pas à disparaître. Le creusement des gouffres dans les rivières a une origine semblable.

Enfin, il faut rappeler que les trombes sont généralement le siège de phénomènes électriques intenses. L'électricité est-elle engendrée par le tourbillon, ou bien, préexistante, est-elle simplement entraînée par lui ? C'est ce qu'il est difficile de décider ; en tous les cas, il est intéressant de la rencontrer ici.

Ainsi chaleur, mouvement, électricité sont les manifestations de la transformation de la force vive du tourbillon dans son acheminement à l'anéantissement, tout comme pour la vie.

5° Le pouvoir chimique ne semble pas avoir été signalé dans les gyrations des fluides, eau ou air. Toutefois, il est bon de faire remarquer que ces mouvements violents, qui entraînent parfois des masses

---

la forme d'une sorte d'ovale déprimé aux extrémités du petit axe, d'une courbe en ∞, ou de deux boucles séparées.

considérables de matière dans un brassement désordonné, sont bien capables, dans certains cas, de réveiller l'activité chimique. La trituration, l'agitation, le choc sont des moyens constamment mis en jeu dans les laboratoires de chimie.

Si nous songeons que le mouvement vital a pour substratum l'éther dont le pouvoir chimique nous est révélé par les facultés d'analyse et de synthèse de l'électricité, nous n'aurons pas de peine à nous convaincre qu'un mouvement tourbillonnaire dans ce milieu sera immédiatement suivi d'un entraînement de la matière pondérable dans des combinaisons très compliquées.

Pour résumer ce parallèle, il faut bien avouer qu'il y a une singulière analogie entre les deux termes comparés et que cette analogie ne semble pas fortuite. A moins de nier toute évidence, on doit reconnaître que la vie s'explique d'une façon remarquablement claire dans l'hypothèse d'un mouvement tourbillonnaire. C'est, du reste, l'ancienne conception cartésienne, reprise par les savants modernes. Et, après tout, pourquoi des tourbillons n'existeraient-ils pas dans l'éther? Nous connaissons dans ce fluide des mouvements ondulatoires comparables à ceux des liquides ou des gaz, ce sont la lumière, la chaleur rayonnante, les vibrations électriques ; des écoulements qui rappellent l'hydraulique, ce sont le courant et la décharge électriques ; pourquoi ne pas généraliser jusqu'au mouvement tourbillonnaire? On sait, du reste, que dans la théorie de Maxwell le magnétisme est attribué à des mouvements tourbillonnaires de l'éther. Et, à bien prendre les choses, est-ce l'éther qui ressemble dans ses manifestations à la matière pondérable, ou bien ne serait-ce pas plutôt la matière pondérable qui imiterait les manifestations fondamentales de l'éther? L'éther a pour lui l'antériorité; et, de même que dans sa condensation progressive pour former les corps simples on constate des périodicités, comme l'a montré Mendéléef, de même en physique les mouvements de la matière pondérable ne sont, sans doute, que des reproductions périodiques des propriétés de la matière primordiale.

Admettons donc dans l'éther des mouvements gyratoires analogues aux remous de nos fluides et demandons-nous quelles en seront les manifestations? Cela revient à renverser notre proposition : nous partirons des tourbillons de l'eau et de l'air, nous leur reconnaitrons en puissance les cinq facultés fondamentales que nous avons établies, nous les généraliserons à l'éther ; et alors, après avoir accordé à cette modalité du mouvement la personnalité, la segmentation, le fusionnement, la mort et le pouvoir chimique, il nous restera à nous demander en quoi une pareille unité dynamique pourrait bien différer de la vie. Elle en différera si peu qu'il y aura identité, et nous conclurons que *la vie est un mouvement tourbillonnaire de l'éther !*

Analogie avec le magnétisme.

Les analogies de la vie avec le magnétisme sont de deux sortes, les unes externes, les autres intimes.

1° *Analogies externes :*

α) Un aimant possède une sorte de personnalité distincte du milieu et permanente ; elle se manifeste par des phénomènes divers, attractions, répulsions, actions inductives, etc. On peut même reconnaitre quelque chose ressemblant à de la sensibilité : les déplacements de la plaque du téléphone déterminent des modifications dans la distribution des éléments magnétiques du barreau, et des courants dans la bobine polaire qui fait fonction d'appareil nerveux. — Deux aimants peuvent différer par des caractères individuels secondaires, formes, dimensions, intensité d'aimantation, etc.

β) Si l'on brise un aimant en deux on obtient, comme l'a démontré Gilbert au xvie siècle, deux aimants possédant les mêmes propriétés que le barreau primitif, c'est-à-dire, deux pôles de noms contraires et égaux à chaque bout. Si loin que l'on poursuive la division, les fragments posséderont toujours les mêmes propriétés fondamentales que le barreau primitif. Il y a là quelque chose qui rappelle la division cellulaire.

γ) Maintenant, prenons les deux fragments du barreau que nous venons de diviser et rapprochons-les exactement de façon à dissimuler la brisure : les deux pôles de noms contraires qui étaient apparus sur chaque bord de la brisure vont se neutraliser, et le barreau primitif sera reconstitué avec ses deux pôles extrêmes seulement. Cela revient à dire que deux individualités magnétiques distinctes peuvent se fusionner en une individualité unique douée des mêmes propriétés : à rapprocher du fusionnement cellulaire.

Il se pourrait, du reste, qu'il y eût dans ces deux cas autre chose qu'une simple analogie de manifestations extérieures. Quand on éloigne deux pôles de noms contraires d'abord au contact, il faut dépenser un certain travail pour allonger les lignes de force qui les relient ; ce travail est employé à multiplier les tourbillons circulaires d'Ampère-Maxwell qu'elles comportent, et il se pourrait bien que ces nouveaux tourbillons particulaires fussent engendrés par dédoublement, par *segmentation*, des éléments préexistants. Dans le rapprochement, ces mêmes éléments sont résorbés avec restitution du travail précédent, et ils le sont, peut-être bien, par *fusionnement*.

δ) L'aimantation absorbe de l'énergie, la désaimantation restitue cette énergie sous forme de chaleur ; c'est ainsi que les noyaux de fer doux des alternateurs, des transformateurs s'échauffent ; la désaimantation peut produire des courants induits : à rapprocher de la libération de l'énergie par la mort.

Toutefois, on peut objecter que le mouvement magnétique préexiste dans le fer sous forme de courants particulaires d'Ampère ; l'aimantation ne fait que les orienter, l'énergie absorbée est employée à vaincre leur résistance à la rectification de leurs alignements et non à les créer. Cette objection disparait si l'on prend un solénoïde dont les propriétés sont les mêmes que celles de l'aimant, mais qui n'a pas d'aimantation préexistante. Si on lance un courant dans son circuit, il réagit par self-induction, retarde l'établissement du courant et, finalement, absorbe une quantité notable d'énergie qui est employée précisément à faire naître ses propriétés magnétiques et à provoquer le flux de force magnétique qui le traverse et s'épanouit dans son champ extérieur. Vient-on maintenant à rompre le courant, le flux de force magnétique s'éteint; mais, en disparaissant, il provoque dans le circuit un extra-courant de rupture dont l'énergie est la restitution de la sienne. Ici, l'énergie latente d'aimantation et sa restitution, sous forme de courant d'abord et, finalement, de chaleur, est évidente. Si l'extra-courant traverse un moteur électrique, il le fera tourner : électricité, chaleur, mouvement, nous les retrouvons encore ici.

ε) Le pouvoir chimique n'est certainement pas le caractère dominateur du magnétisme ; cependant des recherches récentes ont montré que son action dans ce genre n'est pas nulle non plus [1].

2° Analogies intimes :

Les analogies intimes résultent de ce que l'un et l'autre mouvements ont pour siège l'éther et sont caractérisés par des trajectoires fermées, d'amplitude extrêmement petite. Dans le mouvement magnétique, c'est le courant particulaire d'Ampère, c'est le tourbillon circulaire de Maxwell ; dans le mouvement vital, c'est une gyration compliquée.

Le mouvement magnétique possède cette remarquable propriété de ne nécessiter aucune dépense

---

[1] *Bulletin de la Société Française de Physique*, séance de février 1895.

pour son entretien, le frottement de l'éther contre la matière pondérable est absolument nul et le mouvement se conserve intégralement, en vertu du principe de l'inertie. Ainsi l'aimant conserve indéfiniment ses propriétés sans aucune dépense.

Si, pour maintenir les propriétés d'un électro-aimant, il faut faire les frais d'un courant électrique, en réalité, l'électro-aimant n'absorbe aucune partie de l'énergie du courant ; celle-ci se retrouve tout entière en chaleur dégagée dans le circuit. Le courant ne fait que maintenir un état de chose, l'alignement solénoïdal des éléments magnétiques ; son rôle est celui d'un lien qui relient un ressort tendu, mais qui ne travaille pas.

Lorsqu'un courant indéfini ou solénoïdal provoque dans l'espace qui l'entoure un flux de force magnétique, dans les premiers instants il fait les frais d'établissement de ce champ et la réaction due à la résistance à vaincre se traduit par l'extra-courant de fermeture ; mais, ensuite, le milieu ne résiste plus, ne réclame plus rien du courant et les propriétés magnétiques du champ se maintiennent uniquement en vertu des vitesses acquises des éléments magnétiques nouvellement créés. Ainsi donc le mouvement magnétique élémentaire se maintient sans aucune dépense.

Nous allons établir qu'il en est exactement de même pour le mouvement vital : *l'entretien du mouvement vital est nul.*

Au premier abord, cette proposition peut paraître paradoxale ; car, si nous nous en rapportons à notre expérience de tous les jours, nous constatons la nécessité d'ingérer périodiquement des aliments pour soutenir notre existence.

Mais c'est qu'ici il y a lieu de tenir compte de deux causes puissantes et incessantes de dépenses, le maintien de la température constante du corps et la production des mouvements. Si nous passons aux animaux à sang froid, nous voyons cette dépense diminuer dans des proportions considérables : ils peuvent jeûner fort longtemps. Dans la période d'hivernation de ces mêmes animaux, la dépense organique devient absolument minime. Enfin, poussons les choses à l'extrême : nous arrivons à une forme particulière de la vie, la vie latente, qui nous est offerte par les spores, les germes, les graines, les animaux et végétaux réviviscents. Si les conditions de conservation sont bonnes, la vie peut ainsi persister pendant un temps, pour ainsi dire, indéfini, sans aucun échange avec le milieu.

Si l'on voit des spores, des graines, perdre au bout d'un certain temps leur faculté germinative, il faut en imputer la cause à des altérations d'ordre chimique dans lesquelles l'air et la lumière, en particulier, jouent un rôle destructeur de premier ordre. On sait, au contraire, que des graines enfouies profondément dans le sol peuvent germer après un temps considérable, quand elles sont ramenées à la surface.

Les cas de léthargie ou mort apparente chez l'homme, l'engourdissement de beaucoup d'animaux pendant l'hiver, les exemples d'animaux et de végétaux pouvant subir la dessiccation et rester dans cet état pendant de nombreuses années, la solidification par le froid d'animaux qui, dégelés, reprennent leurs mouvements, la résistance à des froids excessifs de — 200° des graines et des spores, tous ces phénomènes démontrent le même principe, à savoir, que le mouvement vital peut persister par lui-même sans emprunter quoi que ce soit au milieu extérieur.

Au réveil, l'être vivant reprend son activité, comme si elle n'avait pas été interrompue; mais aussitôt réapparaît la dépense, en proportionnalité avec le degré d'activité. On peut comparer, comme je l'ai déjà montré, cette suspension de manifestations vitales au repos d'une machine de Holtz amorcée ou d'une machine magnéto-électrique; sitôt qu'on les fait tourner, le courant réapparaît, mais en absorbant du travail moteur.

Chez les vertébrés supérieurs, l'entretien d'une température constante vient singulièrement augmenter les charges du budget vital. On peut mettre en parallèle la dépense qu'il faut faire dans les machines dynamo-électriques pour maintenir, à l'aide d'un courant auxiliaire, le magnétisme des électro-aimants, ou encore, dans nos sociétés modernes, les lourds sacrifices qu'impose la nécessité d'armées permanentes.

Il est juste de faire remarquer que, lorsque la quantité d'énergie vitale s'accroît, il y a une absorption d'énergie aux dépens du milieu; absolument comme, lorsqu'elle diminue, il y a restitution; tels sont les cas de croissance, de reproduction d'une part, de décrépitude et de mort de l'autre. Du reste, il n'en est pas autrement pour le magnétisme, quand le flux de force croît ou décroît. Mais, dans le cas de régime, la dépense organique est uniquement affectée aux manifestations vitales ou à l'entretien des conditions d'existence.

Nous mettons ainsi en lumière une propriété capitale, dominatrice, de tous les phénomènes vitaux : *le mouvement vital élémentaire se conservant intégralement sans aucune altération*, nous comprenons la raison de la permanence de la personnalité, comment la mémoire, la conscience se maintiennent à moins de graves accidents, pourquoi la responsabilité n'est pas un vain mot. Nous voyons aussi pourquoi la reproduction, qui n'est en définitive qu'un bourgeonnement simple ou double, fait naître des êtres semblables aux parents ; l'hérédité est une conséquence nécessaire de la permanence du mouvement vital.

A moins de circonstances particulièrement graves, l'espèce restera fixe. Si des causes modificatrices puissantes agissent sur elle, ou bien le mouvement vital élémentaire résistera tel quel et ne se pliera pas aux nouvelles exigences ; la lutte pour la vie deviendra d'abord difficile et bientôt impossible et l'espèce disparaîtra. Ainsi s'explique l'extinction de certains groupes des flores et des faunes des âges antérieurs. Ç'a été particulièrement le sort des espèces trop étroitement adaptées à un mode spécial d'existence. Ou bien le mouvement vital cédera, s'harmonisera avec les conditions nouvelles, puis se conservera sans altération pendant la nouvelle période.

Nous entrevoyons ainsi le mécanisme de l'évolution, signalé d'abord par Lamarck et Darwin, et que nous étudierons ultérieurement.

Reprenons notre comparaison des deux mouvements magnétique et vital. Les éléments magnétiques peuvent se grouper en lignes solénoïdales de longueur indéfinie ; les dimensions des cellules vivantes étant toujours très restreintes, les groupements des tourbillons vitaux ne peuvent avoir, au contraire, que des dimensions très petites. D'autre part, quand le circuit magnétique d'un aimant n'est pas fermé, le flux de force magnétique s'épanouit dans l'espace interpolaire et vient constituer le champ magnétique dans lequel peuvent se produire des effets divers : c'est comme si l'aimant se prolongeait au-delà de ses pôles. Existe-t-il quelque chose d'analogue pour la vie? L'être vivant possède-t-il l'action à distance ?

L'étude de cette question peut être divisée en deux parts : 1° action à distance très petite, 2° action à distance finie.

1° L'action à très petite distance n'est pas douteuse. D'abord, il est certain qu'entre les divers éléments qui composent la cellule il existe des forces directrices dues à la réaction de ses éléments dynamiques, les uns sur les autres. Ces forces se manifestent par les groupements qu'affecte la matière vivante dans le cytoplasme et dans le noyau. Dans le premier, la matière protoplasmique forme un système réticulaire rayonnant autour du centrosome ; dans le second, elle se distribue suivant un long filament (filament chromatique) pelotonné sur lui-même dans la période de repos, et se partageant en segments réguliers au moment de la division cellulaire.

Ce ne sont certainement pas les forces chimiques

qui procréent de pareilles associations ressemblant singulièrement à la distribution que prend la limaille de fer dans un champ magnétique. La limaille forme alors des alignements provoqués par les réactions des mouvements magnétiques dont sont animées toutes les particules du fer soumises au champ. De même, dans le protoplasme les groupements moléculaires sont incontestablement dus à la réaction des mouvements vitaux élémentaires.

Ces mêmes réactions déterminent une sorte de cohésion unitaire entre tous les éléments de la cellule, qui constitue ainsi une individualité distincte de tout ce qui l'entoure. Cette force de cohésion unitaire se généralisera à toutes les cellules d'un même tissu, à tous les tissus d'un même individu.

D'autre part, des actions attractives ont été observées entre cellules indépendantes, douées de sexualités inverses. Beaucoup de mouvements des spermatozoïdes, des anthérozoïdes sont certainement dus à des réactions chimiques, à des excitants chimiotropiques [1]. Toutefois, il paraît indubitable que, dans certains cas, l'action à distance peut réellement s'exercer entre ces éléments en dehors des causes chimiques [2] ; mais ici il s'agit seulement de faits qui ne dépassent pas l'étendue du champ du microscope.

2° Quant à l'action à distance finie, on est loin d'avoir les mêmes éléments de certitude. La question est très controversée et a fait surgir plusieurs écoles.

La plus ancienne est le spiritisme dont on trouve

[1] Hertwig, loc. cit., p. 109.
[2] *Ibid.*, p. 282.

des germes dans les temps antiques. D'après cette doctrine, certains individus privilégiés pourraient provoquer des actions mécaniques à distance; l'explication donnée est, du reste, des plus fantaisistes. La pratique a montré qu'au fond de tout cela on trouve un étrange mélange de supercherie et d'escroquerie, et les apôtres de cette doctrine ont eu plus d'une fois maille à partir avec la police correctionnelle.

Malgré le discrédit jeté sur la théorie en question, il s'est trouvé des hommes de science qui ont soutenu qu'il pouvait bien, malgré tout, y avoir quelque chose de vrai. Ils disent même avoir obtenu ou vu des effets indubitables d'action à distance [1]. Dès lors la question change d'aspect et mérite attention. D'autant plus qu'à priori rien ne s'oppose positivement à une semblable action. Il peut se faire que, au moins momentanément, les mouvements vitaux élémentaires s'associent selon certains groupements se continuant par des lignes de forces extérieures. Si cela était, il ne serait point du tout nécessaire, pour expliquer l'action à distance, de faire intervenir toute une série de conceptions bizarres et qui ne répondent à aucune réalité physique, telles que fluide vital, fluide neurique, fluide odique, fluide magnétique, force vitale, corps astral, etc., etc.

En définitive, c'est donc à l'expérimentation de trancher la question. Le malheur est que les faits relatés sont si étranges, ils ont été observés dans des conditions si extraordinaires, qu'avec la meilleure

---

[1] Consulter A. de Rochas : *L'Extériorisation de la motricité.* 1896, Chamuel, Paris.

volonté du monde on ne peut s'empêcher d'être envahi par le scepticisme. Je me contenterai de renvoyer le lecteur au travail de M. de Rochas, qui a fait une étude particulière de cette question ; et je ne retiendrai que ce fait, à savoir, que les individus, appelés médiums, possédant lesdites propriétés, seraient des sortes de malades, des détraqués, hypnotisables ou hystériques, et que rien de semblable n'apparaît chez un individu sain et normal. Conclusion pratique : dans l'état normal, il n'y a pas d'action à distance finie.

L'action à distance a pour réciproque nécessaire la sensibilité à distance, en vertu de l'égalité de l'action et de la réaction : ainsi, l'aimant d'un téléphone agit sur sa plaque, mais les mouvements de celle-ci réagissent sur l'aimant et provoquent des courants induits dans la bobine polaire. De la même façon, il a lieu de séparer la sensibilité à distance très petite et la sensibilité à distance finie ; les conclusions seront les mêmes. La première n'est pas douteuse ; quant à la seconde, il est prudent de faire des réserves toutes spéciales.

Il y a, je crois, des faits réels qui s'observeraient également chez des personnes détraquées, les mêmes souvent que pour l'action à distance. On pourra consulter encore l'ouvrage de M. de Rochas consacré à l'exposition de ces phénomènes [1]. Toutefois, à côté des faits qui semblent être bien observés, on trouve une telle accumulation de choses étranges qu'on est en

---

[1] A. de Rochas. *L'Extériorisation de la sensibilité*. 1895, Chamuel, Paris.

droit de se demander où cesse la vérité et où commence la légende.

Une autre école soutient la transmission de la pensée à distance.

Que la sensibilité vague, organique, mal définie, ou encore la sensibilité tactile puisse être excitée à distance, il n'y a rien là qui doive surprendre outre mesure. Mais prétendre que la pensée puisse se transmettre de cerveau à cerveau sans intervention des sens, et même à travers des obstacles massifs, c'est outrepasser le vraisemblable. D'ailleurs, toutes les fois qu'une étude attentive a été faite de ces prétendues transmissions, on a toujours trouvé l'intervention des sens : parfois ils sont hyperesthésiés et leur acuité devient extrême, mais ils interviennent. Le vieil aphorisme « *nihil in intellectu quod non priùs in sensu* » restera toujours l'expression de la vérité.

On peut encore ajouter un argument à priori : si les centres nerveux pouvaient être instruits de ce qui se passe à l'extérieur sans l'intervention des sens, on ne voit pas pourquoi ceux-ci se seraient formés et perfectionnés. Dans le travail organisateur, la Nature suit toujours la loi de moindre action, le chemin de moindre dépense : on se trouverait donc en contradiction avec un des principes essentiels de la mécanique ; autant dire que le système est faux.

Faut-il encore faire mention de cette fantaisiste théorie de la télépathie d'après laquelle la sensibilité extériorisée ne connaîtrait plus ni obstacle, ni distance, et ne serait plus arrêtée par des centaines de kilomètres ?

Résumons plutôt l'étude des faits dûment constatés et incontestables, et disons que, dans les conditions normales de la vie, l'action à distance finie et la sensibilité à distance finie sont nulles. Nous en conclurons que le mouvement vital ne se profuse pas à l'extérieur, n'a pas de champ d'action externe, au moins dans les conditions normales. Cela va nous permettre de resserrer la question et de concevoir, au moins approximativement, la forme élémentaire de ce mouvement.

Une première solution serait celle d'un filet magnétique solénoïdal fermé en cercle sur lui-même. Il n'y aurait pas de champ extérieur ; mais nous retomberions ainsi dans un cas particulier du magnétisme. Or, le magnétisme et la vie sont certainement distincts et le mouvement magnétique n'a pas l'élasticité nécessaire pour se prêter aux multiples manifestations de la vie.

En raison de la grande analogie du mouvement vital avec le tourbillonnement des fluides, je serais porté à préférer la solution suivante. Supposons un mouvement tourbillonnaire en forme de fuseau terminé en pointe à ses deux extrémités, comme qui dirait l'assemblage de deux trombes rajustées par leur base ; il est vraisemblable qu'un pareil système n'aurait pas d'action extérieure, les trajectoires des particules de l'éther dessinant une surface fermée. On sait, d'ailleurs, qu'une trombe peut se déplacer dans une atmosphère complètement calme, sans qu'il en résulte quoi que ce soit, tant que sa surface n'est pas entamée, notamment tant que sa pointe n'est pas coupée par le sol.

Toutes les propriétés fondamentales des mouvements gyratoires seraient incontestablement respectées ; mais, en outre, en supposant que, à un moment donné, la pointe terminale pût être remplacée par une petite section circulaire rappelant l'extrémité d'un filet solénoïdal, on s'expliquerait que le mouvement vital élémentaire pût avoir, par analogie avec le magnétime, une action extérieure. Dès lors, tous les tourbillons élémentaires pourraient réagir les uns sur les autres, au moins à faible distance, et constituer des groupements plus ou moins complexes.

De cette façon, le magnétisme et la vie seraient attribués à deux modalités de mouvements, incontestablement voisins, mais irréductibles l'un à l'autre. L'élément du magnétisme est le courant ou tourbillon circulaire d'Ampère et de Maxwell ; il est toujours identique à lui-même et il n'y a qu'une seule espèce de magnétisme. Les groupements qu'il peut former semblent être assez limités ; en tous les cas, il n'y en a qu'un seul qui ait de l'intérêt, c'est l'alignement solénoïdal.

Pour la vie, l'élément dynamique serait le tourbillon fusiforme. Les trajectoires des particules de l'éther doivent vraisemblablement suivre un mouvement oscillatoire d'une extrémité à l'autre, comme dans les trombes. Il peut très bien y avoir différents rythmes de mouvements et, par conséquent, plusieurs systèmes biologiques très nettement différents les uns des autres. On s'explique ainsi qu'il puisse exister un certain nombre d'embranchements très distincts et irréductibles les uns aux autres.

Dans chaque système, il peut se produire un nombre considérable de groupements distincts des tourbillons élémentaires ; ce qui explique que, dans chaque embranchement, le nombre des espèces peut être, pour ainsi dire, indéfini.

Tandis que le magnétisme déterminera partout et toujours les mêmes effets, la vie, au contraire, se révélera sous les aspects les plus variés. Le transformisme, qui n'a aucun sens en physique, commandera le monde biologique, chaque acquisition nouvelle correspondant à un nouveau groupement des mouvements vitaux élémentaires.

Désormais, pour simplifier le langage, je désignerai sous le nom de *vortex* le tourbillon vital élémentaire.

La probabilité d'une certaine analogie naturelle entre le magnétisme et la vie semble avoir été soupçonnée même par les personnes les plus éloignées des recherches scientifiques. Je n'en veux d'autre preuve que la dénomination de magnétisme donnée aux phénomènes hypnotiques qui ne sont, en définitive, qu'une anomalie biologique.

Il était intéressant de savoir quelle pouvait être l'action d'un champ magnétique puissant sur les êtres vivants. De l'enquête ouverte à ce sujet, il semble résulter que les êtres adultes et normaux ne ressentent absolument rien. Edison a construit des électro-aimants creux où l'on pouvait enfoncer la tête ; l'effet a été nul, même avec des courants alternatifs très puissants. Toutefois, des monteurs électriciens qui, par ailleurs, m'ont paru être dans des conditions de santé

normales, m'ont affirmé avoir ressenti des éblouisse-
ments, des bourdonnements, du vertige en appro-
chant la tête du champ magnétique de certains
moteurs extrêmement puissants qu'emploie l'industrie actuelle.

En tous les cas, lorsqu'il s'agit de personnes hypnotisables, le flux de force magnétique, même très
médiocre, qu'engendrent les aimants ordinaires, suffit pour provoquer, en traversant les tissus, de la
douleur, la contracture, la catalepsie, un afflux san-
guin, en définitive des désordres. On a même là un
moyen de diagnostiquer cette singulière prédisposition. J'ai constaté que ces effets se produisaient sur
une partie quelconque du corps et que le système
nerveux ne semblait pas être le. seul intéressé dans la
question. L'hypnose pourrait très bien ne pas être
seulement une détracation du système nerveux, mais
être dû à une prédisposition universelle de tout l'organisme : les liaisons entre les vortex vitaux n'auraient pas la résistance normale et pourraient être
modifiées ; la dislocation de la personnalité, tant au
point de vue corporel qu'au point de vue psychique,
qu'on peut opérer sur les sujets hypnotisables, trouverait une interprétation toute naturelle dans cette
hypothèse.

Cette perturbation peut être comparée à celle qui se
produit dans la distribution des éléments magnétiques
d'un électro-aimant, quand on vient à supprimer le
courant électrique coordinateur. Les éléments magnétiques, d'abord alignés en solénoïdes, s'orientent
alors suivant des groupements plus ou moins désor-

donnés, jusqu'au moment où une nouvelle aimantation rétablira l'ordre primitif.

Parmi les nouveaux groupements qui prendraient
naissance dans ces cas anormaux, il se pourrait qu'il
y en eût certains qui fussent capables de former
des sortes d'alignements solénoïdaux se continuant
à l'extérieur par des lignes de force, à la façon des
aimants. On s'expliquerait ainsi que ces étranges
manifestations, désignées sous les noms d'extériori-
sations de la sensibilité et de la motricité, n'appa-
russent que chez des détraqués. Bien plus, d'après le
témoignage même de M. de Rochas, c'est seulement
au milieu de crises morbides, crises nerveuses, épuisement du sujet, que se produiraient les phénomènes
en question ; ce qui indique bien qu'on est en présence
d'une anomalie, d'une détérioration momentanée de
l'équilibre vital.

L'hystérie, qui touche de si près à l'hypnose, ren-
trerait dans le même cadre de prédisposition morbide.

Les êtres en voie de développement sont, eux aussi,
fâcheusement impressionnés par le magnétisme. J'ai
eu l'occasion, en 1886, de faire couver des œufs de
poule au-dessus d'un fort aimant en fer à cheval. Il y
eut une mortalité considérable dans l'œuf, à divers
degrés de développement de l'embryon ; les poussins
qui ont survécu ont tous présenté des malformations
diverses [1].

Dans le même temps, un expérimentateur italien,
le professeur Maggiorani, se livrait à des essais sem-

---

[1] *Bulletin de la Société d'Études scientifiques d'Angers*, année
1886, p. 13.

blables, mais sur une bien plus grande échelle, à l'aide de couveuses artificielles et d'électro-aimants : ses résultats ont été de tous points identiques [1].

Dans une autre série d'expériences, ayant déposé, pour les faire germer, des graines d'une même espèce, dans deux verres de montre placés l'un sur un électro-aimant droit, l'autre à distance, je vis les graines du premier verre présenter un retard considérable comparativement au second ; beaucoup de graines ne germaient pas, les autres se développaient mal. Sitôt que l'on rompait le courant qui alimentait l'électro-aimant, la végétation reprenait rapidement son cours normal, pour s'alanguir à nouveau quand le courant était rétabli.

Il semble bien résulter de ces expériences que le flux de force magnétique entrave le développement embryonnaire et la croissance.

Faut-il s'étonner de tous ces faits ? A mon avis, ils viennent confirmer et justifier le rapprochement que j'ai indiqué des mouvements magnétiques et vitaux élémentaires, tous deux mouvements de l'éther. La gyration magnétique, agissant avec une certaine brutalité, tend à détourner les particules de l'éther de la trajectoire qui leur est imposée dans le vortex vital.

Enfin, je terminerai ce long parallèle en signalant une dernière analogie qui a bien certainement son intérêt : c'est que les mouvements vitaux et magnétiques ne peuvent pas supporter une température éle-

---

[1] *La Lumière électrique*, 1885, t. XVI, p. 472.

vée sans se rompre. Au-dessus de 45°, la vie active est compromise; en tous les cas, les spores, même les plus résistantes, sont tuées à 110°. De même l'aimant perd ses propriétés au rouge et, au rouge blanc, le fer n'est même plus attiré. Cela prouve que ces deux sortes de mouvements ne peuvent se maintenir, au sein de la matière pondérable, qu'à des températures relativement basses.

Analogie avec l'électricité.

Rattacher la vie à l'électricité est une séduisante conception qui a hanté l'imagination de plus d'un chercheur. A priori, il semble évident que la vie, la plus compliquée de toutes les manifestations de la Nature, doit avoir quelque lien de parenté avec cette autre force si prodigieusement polymorphe et qui nous étonne par la variété extraordinaire de ses effets.

L'hypothèse d'un fluide vital identique ou analogue à l'électricité a été soutenue par Galvani, qui crut trouver dans la célèbre expérience de la grenouille une conformation de ses idées. Volta, ayant repris la question, démontra qu'en réalité la production du courant était dominée par un fait d'ordre physique, le contact de corps hétérogènes, au nombre desquels figurent des liquides. C'est de cette constatation qu'est née la pile électrique et, avec elle, l'électricité dynamique.

Cependant, des recherches analogues à celles de Galvani, entreprises par Nobili, Matteucchi, Dubois-

Raymond et autres, ont mis hors de doute l'existence de courants propres aux tissus vivants, notamment dans les muscles et les cordons nerveux. D'autre part, l'étude des propriétés et de l'organisation des poissons capables de lancer des commotions, comme les torpilles, silures, gymnotes, est venue confirmer cette production d'électricité dans les organismes vivants. Chez ces animaux, la chose est élevée jusqu'à la hauteur d'une institution fonctionnelle, tandis que, dans le cas général, l'électricité n'apparait guère que comme un épiphénomène. Les végétaux eux-mêmes ont fourni à l'examen des indications de dénivellations électriques, notamment dans les organes moteurs des feuilles, détail curieux qui rapproche ces organes des muscles des animaux.

Nous avons démontré au chapitre III que l'électricité apparait comme une forme intermédiaire de la restitution de l'énergie de vitalité : la destruction des vortex vitaux libère de l'énergie électrique. Nous trouvons ainsi l'explication des faits précédents, toute manifestation biologique étant une mort partielle.

La ressemblance des nerfs avec des conducteurs électriques avait attiré particulièrement l'attention ; malheureusement l'énorme différence de vitesse, 30 mètres par seconde au lieu de 300.000 kilomètres, vient démontrer le mal fondé d'une tentative d'identification. Du reste, le courant électrique est un mouvement de propagation à distance, tandis que le mouvement vital élémentaire est fermé sur lui-même. C'est donc à d'autres points de vue qu'il faut chercher les analogies.

Nous avons signalé plusieurs exemples remarquables d'analogie au chapitre IV, en comparant la cellule vivante à la machine de Holtz, à l'élément voltaïque, à une machine magnéto ou dynamo-électrique, à un transformateur. Il en reste encore un autre, c'est celui qui résulte du parallèle entre l'être vivant et ces étranges manifestations électriques encore mal connues, et surtout mal interprétées, et désignées par les noms de tonnerre en boule, foudre globulaire, globes fulminants, globes de feu électrique. Comme ici la question me parait très grave, comme il pourrait bien se faire qu'il y eût autre chose qu'une simple analogie, je renvoie au chapitre suivant pour l'étude détaillée de ce sujet.

Analogie avec les mouvements de rotation.

J'appellerai particulièrement l'attention sur les propriétés remarquables du tore de révolution construit par Foucault pour démontrer la rotation de la Terre. On sait que cet appareil est suspendu à la Cardan, de façon que son centre de gravité soit exactement au centre du système et, par conséquent, fixe dans l'espace. Si on imprime au tore un rapide mouvement de rotation, son axe conserve *invariablement* et *indéfiniment* sa position initiale, contrastant ainsi avec les supports extérieurs qui changent de direction par suite du mouvement de la Terre.

Si l'on veut changer cette direction, on éprouve une résistance considérable ; mais enfin, en exerçant des pressions suffisantes et dans des sens déterminés, on y parvient. Abandonné maintenant à lui-même, le tore conservera *indéfiniment* sa nouvelle direction.

N'y a-t-il pas là une analogie intéressante, d'une part, avec la fixité des caractères spécifiques qui peuvent se conserver sans altération et, d'autre part, avec le principe même de l'évolution ? Il faut toutefois remarquer que dans le vortex vital, ce n'est pas la direction du mouvement qui reste invariable, mais sa modalité et ses connexions avec les vortex voisins ; de même que dans le déplacement d'un aimant, les éléments magnétiques et le champ se déplacent simultanément et sans altération. De même encore un bon chronomètre conserve la régularité de sa marche, malgré les changements les plus variés de positions et de directions auxquels il est constamment soumis.

On a encore construit des tores dont le centre de gravité n'est plus fixe et peut être placé dans des positions diverses par rapport aux supports. On reste étonné devant les stations bizarres et les étranges mouvements que peuvent prendre ces appareils, et dont l'explication se trouve, du reste, dans des combinaisons de mouvements de rotation.

De même, il n'est pas douteux que les vortex ne doivent présenter une grande variété tant dans leur structure que dans leurs groupements. Ces groupements doivent aller toujours en se compliquant, à mesure des acquisitions nouvelles dues à l'évolution.

Analogie avec le mouvement des corps célestes.

Il convient tout d'abord de signaler une analogie de réciprocité bien digne d'attention, qui est celle-ci : les corps célestes circulent et roulent dans l'éther sans frottement, sans perte de vitesse ; réciproquement, dans les mouvements magnétiques et vitaux, l'éther circule à travers la matière pondérable sans déperdition d'énergie, sans aucune altération. D'où résulte dans les deux cas, en vertu du principe de l'inertie, la conservation indéfinie des caractères initiaux, les vitesses étant constantes ou passant périodiquement par les mêmes valeurs.

Prenons, comme exemple, une comète périodique. Si elle n'a pas éprouvé sur sa route de perturbation de la part de quelque planète, sa trajection et sa périodicité resteront absolument invariables. Mais, si l'action de Jupiter, par exemple, s'est fait sentir sur elle, sa trajectoire va être comme faussée, ses éléments modifiés et, à partir de ce moment, sa marche à travers l'espace conservera indéfiniment le contre-coup de cette perturbation.

Nous arrivons à la même conclusion que nous formulions à propos du tore de Foucault ; nous voyons là une ressemblance avec la permanence et l'évolution des caractères biologiques.

Nous trouvons encore dans la genèse des mondes, suivant les idées de Laplace, des analogies intéressantes. Dans le sein de la grande nébuleuse, qui a formé notre système solaire, des mouvements tourbillonnaires ont pris naissance et, en agglomérant la matière autour de leurs axes, ont donné le jour aux planètes que l'on pourrait appeler les personnalités de l'espace. Celles-ci à leur tour, par une sorte de prolifération qui rappelle la division cellulaire, ont engendré des unités analogues, quoique de masses moindres, leurs satellites, qui ont été comparés à des petits entourant leur mère.

Résumé et conclusions.

L'étude que nous venons de faire des phénomènes ayant quelque analogie avec la vie nous amène à la conviction que la vie est due à un mouvement tourbillonnaire, sans doute fusiforme, le *vortex élémentaire*. Ce mouvement n'est réductible à aucun autre, il est d'espèce à part et constitue une des manifestations fondamentales de l'éther. Il est endothermique et n'est susceptible de stabilité que dans la masse des matiéres albuminoïdes, dites dès lors protoplasmiques.

Tous les vortex ne sont certainement pas identiques. Il est vraisemblable que la question de l'équilibre d'un système de particules d'éther, animées d'un mouvement tourbillonnaire, admet plusieurs solutions ; chacune d'elles correspond à un des grands embranchements des règnes animés.

Il n'est pas douteux non plus que des vortex de même nature n'exercent les uns sur les autres des réactions qui ont pour effet de les grouper suivant

certaines variantes, qui caractérisent les diverses subdivisions des embranchements.

La matière pondérable se trouve entraînée chimiquement à la suite de ces arrangements. Le résultat
le plus sensible est la constitution même de la cellule,
qui est déjà une unité d'ordre très supérieur. Nous
savons, en effet, qu'elle se divise en cytoplasme et
noyau ; le premier se subdivise à son tour en hyaloplasme réticulaire et en paraplasme liquide ; le second
en filament chromatique et suc nucléaire avec nucléole.

Mais ce ne sont là que des revêtements nous cachant
les véritables groupements des vortex. Ces groupements doivent être de plusieurs ordres ; les plus
simples, fort différents les uns des autres, doivent
constituer des sortes d'unités primaires capables de
donner naissance à leur tour à des groupements de
groupements ou d'ordre secondaire pouvant affecter
des distributions très variées, et ainsi de suite. Si l'on
se reporte aux formules donnant le nombre des combinaisons et des arrangements d'objets distincts, on
se convaincra facilement que ce total peut dépasser
toute quantité imaginable, pourvu que les objets
associés soient suffisamment nombreux par eux-
mêmes [1].

On conçoit, dès lors, que le nombre des cellules
ayant une structure dynamique différente puisse dépasser toute grandeur assignable et que, en principe,

---

[1] On peut mettre en parallèle le développement illimité de la
pensée humaine transcrite à l'aide d'un très petit nombre de
caractères d'imprimerie, qui ne sont eux-mêmes que des associations de points et de traits.

le nombre des espèces vivantes, disparues ou possibles soit illimité.

On conçoit, en outre, comment une cellule, même extrêmement petite, comme un ovule ou un spermatozoïde, peut renfermer le plan architectural en entier de l'être qui en résultera[1]; comment, dans l'ordre des faits psychiques, la mémoire peut accumuler une si prodigieuse quantité de documents; comment un calculateur, comme Inaudi, peut loger dans ses cellules cérébrales une si phénoménale suite de nombres disparates, et comment peut s'accroître indéfiniment cette faculté.

[1] Il est vraisemblable que la divisibilité de la matière primordiale ou éther, déjà si prodigieusement subtile par elle-même, est hors de proportion avec tout ce que nous pouvons imaginer.

Si nous remarquons, en effet, qu'un mouvement vibratoire marche, en général, d'autant plus vite que la masse de matière mise isolément en mouvement est plus petite (prenons, par exemple, pour l'eau, les vitesses de la vague, du son, de l'électricité), nous pouvons nous demander quelle minime quantité de matière est sollicitée individuellement dans la propagation de l'attraction universelle, dont la vitesse est si effroyablement grande que les astronomes n'en tiennent pas compte dans leurs calculs.

Arago ne l'évalue pas à moins de 50.000.000 de fois la vitesse de la lumière ! (*Astronomie populaire*, 1857, t. IV, p. 120.)

Il est bien probable que l'onde lumineuse est une véritable vague d'éther, ou encore la vibration d'un groupement de particules agrégées, mais non la vibration la plus infinitésimale de la matière.

La vie et l'attraction universelle seraient, au contraire, des mouvements de ce dernier ordre. Et ainsi peuvent s'expliquer les phénomènes de géotropisme dus à l'attraction du globe terrestre sur les êtres vivants, si nettement accusés chez les végétaux, et l'adoption chez beaucoup d'animaux de la symétrie bilatérale, notamment chez les animaux terrestres dont le poids du corps n'est plus contrebalancé, comme dans l'eau, par la poussée du milieu.

Ces constatations forment un des arguments les plus redoutables et les plus décisifs contre ceux qui veulent voir dans la vie une simple propriété de la matière protéique. Pour expliquer de semblables faits, il leur faudrait admettre que cette substance fût susceptible de revêtir un nombre énorme de formes voisines ou isomériques et que ces variétés, quoique mélangées dans un milieu en réaction chimique continuelle, pussent subsister et ne pas se fusionner, ce qui est ou faux ou invraisemblable.

La cellule est une sorte de microcosme, qui possède en bloc les mêmes propriétés que les vortex qui l'animent. Les cellules peuvent, à leur tour, se grouper pour former les tissus dont la coordination constitue la masse des êtres vivants. Les propriétés et manifestations de ces derniers sont la résultante des propriétés élémentaires et de la coopération des vortex fondamentaux.

Le cytoplasme extérieur est le siège de tous les phénomènes de la vie courante ; le noyau plus central, moins accessible, renferme les archives de la vie organique ; c'est en lui qu'est localisé le mécanisme de l'évolution.

Les vortex possèdent à un degré prodigieux, surtout dans le cytoplasme extérieur, la propriété de se dédoubler ; c'est ainsi que se réparent continuellement les pertes incessantes et que la masse vivante s'accroît ou se maintient, la matière pondérable étant entraînée à la remorque des vortex. Le noyau possède également cette propriété, mais moins activement ;

elle se révèle surtout au moment de la division cellulaire. Il est également le siège de phénomènes de fusionnement qui constituent la reproduction par sexualité.

La vie active, comme l'a montré Claude Bernard, est intimement liée à la mort. Constamment des vortex se détruisent, libérant ainsi l'énergie qui les animait et qui va servir à toutes les manifestations vitales. Constamment aussi la masse des vortex en réserve, par des dédoublements incessants, vient compenser les destructions et rétablir l'équilibre.

Pour faire face à cette dépense, des emprunts continuels de matière pondérable sont faits au milieu extérieur; cette matière est rapidement façonnée au mieux des fonctions vitales et pour servir de support aux vortex, comme dans les usines la matière première est façonnée en produits manufacturés. Mais il faut encore et surtout de l'énergie, de la force vive; dans l'industrie on l'emprunte aux chutes d'eau, à la combustion de la houille; ici elle sera empruntée tantôt à la lumière solaire, tantôt à des réactions exothermiques, comme la respiration.

Dans l'équilibre normal, la destruction et la réfection des vortex se compensent, l'être vivant lutte avantageusement contre la mort. Mais si la destruction l'emporte, l'organisme périclite et s'achemine vers la mort définitive.

CHAPITRE VI

Origine du mouvement vital.

Période physique.

L'origine de la vie, bien qu'elle ait été le point de mire d'investigations variées, est encore plongée dans une profonde obscurité.

Sans m'attarder à l'exposé des systèmes qui ont été imaginés, je formulerai immédiatement une sorte de théorème fondamental dont dépend tout ce qui suit :

Le mouvement vital est antérieur à la molécule protoplasmique.

Cette proposition, plus ou moins explicitement entrevue par divers biologistes, demande à être étayée à l'aide d'arguments tirés de l'observation.

1° La prédominance du mouvement vital sur la matière chimique est un fait indéniable. La matière, même la matière organique, ne s'anime pas spontanément ; mais, aussitôt qu'une amorce vitale (spore, propagule, germe, etc.) a pénétré sa masse dans des circonstances physiques favorables, la vie se développe et se propage avec une très grande rapidité[1].

---

[1] En définitive, les anciens chimistes n'étaient pas aussi loin de la vérité qu'on l'a prétendu, quand ils expliquaient les fermentations à l'aide de l'envahissement de la matière par un mouvement intestin.

2° La matière protoplasmique dans la cellule vivante subit des changements continuels de composition par suite de l'assimilation et de la désassimilation ; mais, malgré cela, l'unité vivante persiste. Il faut en conclure que la substance chimique ne joue, en définitive, qu'un rôle de second ordre, celui de support au mouvement vital. Ce rôle est comparable dans une certaine mesure à celui de nos appareils scientifiques, dont nous nous servons pour mettre en évidence les propriétés des forces physiques. Mais il est bien certain que ces forces existent en puissance, en dehors d'eux et avant eux.

3° A l'aide de réactions habilement conduites, les chimistes sont parvenus à synthétiser un certain nombre de composés organiques. Mais il faut remarquer que les moyens mis en œuvre par eux sont des procédés de laboratoire qu'on ne retrouve pas dans le libre jeu des forces naturelles. Et il est absolument certain que, en dehors de l'intervention humaine, la matière minérale, pour arriver à la forme organique, a besoin de l'entraînement du mouvement vital.

Généralisons cette proposition aux premières époques d'habitabilité de notre globe et nous conclurons qu'au début les matières organiques, et particulièrement les matières albuminoïdes, n'existaient pas encore. La terre sortait, du reste, d'un régime de hautes températures qui excluait nécessairement tout composé de cette catégorie.

4° Le mouvement vital possède la remarquable propriété d'absorber les énergies extérieures et de les faire tourner à son profit. C'est ainsi que la chaleur de la couveuse se convertit dans l'œuf en travail d'organisation, que certains rayons solaires sont utilisés chez les végétaux pour l'accroissement de leurs tissus, que l'électricité atmosphérique elle-même, d'après des observations récentes, est également mise à contribution par eux pour la fixation de l'azote atmosphérique. C'est cette même propriété qui se traduit, dans un ordre plus élevé de phénomènes, par la tendance instinctive ou raisonnée des êtres vivants à tirer le meilleur parti pour eux-mêmes des circonstances ambiantes.

Si l'on joint à cela une puissance considérable d'entrainement chimique dont on est constamment témoin dans les tissus des végétaux et des animaux, on s'explique comment des synthèses chimiques vraiment surprenantes peuvent être réalisées ; comment, dans les végétaux, l'acide carbonique peut être décomposé à froid ; comment, dans les bactéries nitrogènes, l'azote de l'air est forcé d'entrer en combinaison malgré son inertie ordinaire ; comment les éléments minéraux, contrariés dans leurs tendances naturelles qui les sollicitent à des groupements relativement simples, sont contraints de monter l'échelle des combinaisons de plus en plus complexes, pour arriver au summum de la complication moléculaire dans les substances protoplasmiques.

Ainsi, c'est bien le mouvement vital qui crée le protoplasme de toute pièce à partir des éléments minéraux.

On pourrait comparer ce travail à celui d'un oiseau édifiant son nid parfois d'une architecture très compliquée, ou à celui de l'homme créant son matériel industriel et scientifique, tous les deux en partant de matériaux simples. Cela n'est explicable qu'en admettant la supériorité et l'antériorité de la puissance directrice sur la matière. L'albuminoïde est la maison, la vie est l'habitant, et il est de règle que l'habitant préexiste à l'habitation, au moins au début.

Ainsi, il n'est donc pas douteux que le germe de la vie n'ait préexisté à la matière vivante telle que nous la connaissons. Né dans l'éther, il a entraîné ensuite la matière minérale dans des combinaisons non encore réalisées.

Nous voyons, du reste, quelque chose d'analogue dans le magnétisme. Le mouvement élémentaire, le tourbillon circulaire d'Ampère-Maxwell, existe en dehors de toute matière pondérable dans tout champ magnétique. Il est vraisemblable qu'à des époques antérieures il n'existait ainsi qu'à l'état libre. Plus tard, lorsque la condensation et le refroidissement ont été poussés suffisamment loin, il s'est localisé dans les molécules du fer et de ses composés.

Cette nouvelle manière d'envisager les choses nous débarrasse pour le moment du côté chimique de la question et nous permet de sortir de cette impasse où, malheureusement, ont erré sans résultat tous ceux qui n'ont voulu voir dans la vie qu'une question de chimie.

L'origine de la vie comprend donc deux périodes bien distinctes, la période purement physique et la période chimico-biologique.

Pendant la première, le mouvement vital constitue un phénomène uniquement physique, relevant de la mécanique générale. Dans la seconde période, une évolution s'opère, la matière organique se synthétise, le mouvement vital s'y localise pour s'y perpétuer à travers les âges géologiques : c'est la biologie proprement dite qui commence.

Nous traiterons d'abord l'étude de la période physique.

Quelle a bien pu être la forme initiale de ces individualités primitives qui, en évoluant, ont créé les êtres vivants? Est-il possible de reconstituer leur physionomie ?

La question n'est pas aussi insoluble qu'elle le paraît de prime abord, et divers documents vont nous permettre d'en poursuivre la solution. En effet, ces personnalités primitives devaient posséder déjà tous les caractères essentiels des êtres vivants, qui ne sont que leurs descendants.

Cette conception d'une évolution prélamarkienne, prédarwinienne, si l'on me permet ces solécismes, a déjà été formulée. M. Edmond Perrier [1], à qui j'ai emprunté diverses citations, la résume dans sa préface des *Colonies animales.*

Il rattache la vie à la formation primitive du monde actuel. Il rappelle les théories de William Thompson et d'Helmholtz, d'après lesquels les atomes des corps simples eux-mêmes ne seraient autre chose que des tourbillons d'éther, conservant indéfiniment une indi-

---

[1] Ed. Perrier. *Les Colonies animales*, p. 49.

vidualité immuable. Les tourbillons envisagés par ces savants ont une forme particulière, celles des couronnes que l'on produit avec des jets de fumée ou de vapeur d'eau, ou encore par l'inflammation spontanée des bulles d'hydrogène phosphoré. Ces couronnes sont douées d'une remarquable puissance de résistance, lorsqu'on cherche à les entamer, et offrent, suivant Wurtz, la représentation matérielle de quelque chose qui serait indivisible et immuable.

M. Ed. Perrier pense que la nébuleuse en voie de condensation, après avoir donné naissance d'abord aux corps chimiques, aurait procréé ensuite de nouveaux tourbillons, aboutissant, par entraînement de la matière condensée, à la synthèse des protoplasmes primitifs.

Cette théorie, très plausible en elle-même, demande cependant à être complétée pour ce qui concerne la vie. D'abord, la forme gyratoire qui lui convient est, non celle d'une couronne, mais bien plutôt, comme pour les mouvements tournants de nos fluides, celle d'un tourbillon fusiforme non replié en cercle. Il en résulte une différence considérable dans les propriétés fondamentales de ce tourbillon : au lieu d'être insécable, il peut se segmenter en individualités semblables, et celles-ci peuvent inversement se fusionner; au lieu d'être indestructible, il est fragile et se dissocie facilement.

Le tourbillon chimique, se formant spontanément dans la période de condensation, doit nécessairement être, comme toutes les combinaisons chimiques spontanées, d'ordre exothermique, et c'est ce qui explique sa fixité ; pour dissocier un corps simple, il faudrait lui restituer l'énergie calorifique qui a été dissipée au moment de sa formation.

Le tourbillon vital, au contraire, comme, du reste, le tourbillon magnétique, est d'ordre endothermique et, par conséquent, peu stable. L'un et l'autre n'ont pu se former spontanément. Ils n'ont pu prendre naissance que dans le voisinage de phénomènes exothermiques auxquels ils ont emprunté leur énergie spécifique ; c'est ainsi que l'ozone, corps endothermique, se forme dans le voisinage de l'oxydation du phosphore, ou encore dans le voisinage du courant électrique.

Il faut encore signaler des différences dans les modes de groupement des tourbillons élémentaires.

Les éléments simples se prêtent assez mal à des combinaisons avec eux-mêmes et ces sortes d'arrangements sont toujours très limitées. Signalons les groupements moléculaires H^2, Az^2, O^2 (*oxygène ordinaire*), O^3 (*ozone*), etc., les polymérisations C^n du carbone, les groupements différents des métaux dans leurs sels, Fe (*ferrosum*), Fe^2 (*ferricum*), Cu (*cuprosum*), Cu^2 (*cupricum*), Al^2 (*aluminium*), Hg (*mercurosum*), Hg^2 (*mercuricum*), etc. Le caractère essentiel des combinaisons chimiques est bien plutôt de réunir des éléments de nature différente.

Quant aux éléments magnétiques, la seule combinaison qui ait quelque stabilité est l'alignement solénoïdal.

Au contraire, les éléments vitaux peuvent, quoique identiques entre eux chez un même individu, réaliser des groupements extrêmement variés ; ces groupements primaires se combinent à leur tour en groupements de groupements, et ainsi de suite; et de la sorte prennent naissance des arrangements dont le nombre dépasse toute limite assignable ; ce qui explique la variabilité presque infinie des formes organiques.

Enfin, dans les groupements qui ont formé les corps simples, la quantité de matière primordiale entrainée a été évidemment très considérable, puisque désormais le poids (poids atomique) interviendra comme facteur de premier ordre. Au contraire, dans les phénomènes magnétiques et vitaux, la masse de matière primitive mise en jeu est extrèmement faible, et ces manifestations ne valent réellement que par l'extraordinaire vitesse des particules associées.

Dans les combinaisons chimiques, l'énergie dynamique des associations primitives va constamment en diminuant (dégagement de chaleur, équilibre exothermique) à mesure que la complexité augmente. Dans les associations magnétiques et vitales, l'énergie se conserve intégralement et sans altération jusqu'au moment de l'anéantissement définitif de l'association (équilibre endothermique).

Les diverses combinaisons tourbillonnaires de la matière primordiale ont dû prendre naissance dans l'ordre suivant : d'abord les éléments chimiques fondamentaux, constitués avec un énorme dégagement de chaleur; c'est la période des nébuleuses et des soleils flamboyants. Les deux autres associations magnétique et vitale se comportent assez mal à température élevée et n'ont dû apparaître que plus tard, le magnétisme d'abord, la vie ensuite, en empruntant, du reste, l'énergie qui leur est nécessaire au milieu même dans lequel la condensation chimique la déversait avec prodigalité.

Mouvements magnétiques et vitaux sont donc en puissance dans tout amas cosmique en voie de condensation La pluralité des mondes habités n'est donc point une utopie, mais la conséquence nécessaire des propriétés de la matière universelle.

Toutefois, pour que la vie puisse s'établir d'une façon définitive et durable, il faut un certain nombre de conditions qui caractérisent une phase nouvelle de la destinée des astres. Il faut d'abord que la période de flamboiement soit terminée, qu'une écorce revête le noyau incandescent et que la température atmosphérique s'abaisse au-dessous de 100°.

Nos connaissances biologiques nous montrent que la vie n'est réellement possible que si la température est inférieure à 60° au maximum ; qu'au-dessus, les corps albuminoïdes sont altérés, coagulés. Si quelques spores résistent au-delà, c'est qu'elles sont privées d'eau et dans la période de vie latente ; mais le même organisme, en vie active, est tué au-dessous même de 60°.

En conséquence, l'évolution du mouvement vital et sa fixation dans une molécule organique n'ont pu s'effectuer que dans des conditions qui, au point de vue thermométrique, ne devaient certainement pas différer beaucoup des conditions actuelles. C'est là un point capital sur lequel il importe d'insister : l'amorce de la vie a bien pu exister depuis des époques beaucoup plus reculées de notre monde, mais son développement n'a réellement commencé que lorsque la température s'est suffisamment abaissée pour être comparable à celle des régions équato-riales.

Un fait très important vient confirmer cette induction, c'est la température des êtres supérieurs. A priori, il aurait été permis de croire qu'elle pût être variable d'une espèce à l'autre, pourvu qu'elle fût constante chez chacune d'elles et quelle ne se rappro-chât pas trop des limites extrêmes du possible. Au lieu de cela, elle oscille très étroitement de 37° chez les mammifères à 42° au plus chez les oiseaux. Il semble bien indiqué que cette température est précisément celle qui convient le mieux à la vie cellulaire ; c'est la température optima. C'est celle qui vraisemblablement a présidé à l'éclosion de la vie. Nous arrivons donc à la même conclusion.

Or, cet état thermométrique relativement modéré a dû débuter avec les premiers dépôts sédimentaires, à une époque où la prédominance de l'eau sur le feu commençait à s'accuser définitivement en géologie. Comme, d'autre part, l'époque géologique actuelle n'est que le prolongement de toute la série des formations sédimentaires, on peut se demander si notre planète n'est pas encore dans la période cosmogonique qui a vu l'apparition de la vie, et si, dans des conditions spéciales, peut-être, de plus en plus rares à mesure que la Terre vieillit, ce phénomène ne puisse réapparaître.

Mais, dira-t-on, c'est vouloir ressusciter la théorie de la génération spontanée que l'on sait condamnée à jamais par l'école pasteurienne?

Assurément non! Il y a quelque chose de mieux à faire : il s'agit de rechercher s'il n'existerait pas dans la Nature actuelle un phénomène qui pût être soupçonné comme le précurseur de la vie et comme capable d'évoluer vers elle dans des circonstances favorables. La question se pose ici sous un jour tout nouveau et nécessite une enquête nouvelle.

Ici, comme précédemment, nous nous laisserons guider par l'analogie.

Nous avons établi que la vie est due à un mouvement tourbillonnaire de l'éther, ressemblant aux remous gyratoires des cours d'eau et de l'atmosphère. Or, comment ces derniers prennent-ils naissance? Nous pouvons le constater de nos yeux, c'est par des inégalités de vitesse dans la masse de ces fluides. Ces gyrations apparaissent sur le pourtour des courants puissants, courant central d'une rivière, grands courants atmosphériques des alizés, des moussons, etc., et leur énergie individuelle est empruntée au courant lui-même.

Reportons-nous à notre étude et concluons : la matière mise en jeu est ici l'éther, les remous tourbillonnaires sont nos vortex élémentaires et, quant au courant d'éther qui doit les faire surgir, qu'est-ce autre chose, sinon le courant électrique lui-même?

Nous avons une première confirmation de cette induction dans ce fait que les mouvements magnétiques élémentaires, qui ont une parenté si réelle avec les mouvements vitaux, naissent également par l'action du courant électrique.

Mais ici une différence profonde les sépare : le mouvement magnétique, provoqué par un courant dans son champ, ne dure que le temps du courant ; tandis que le mouvement vital persiste et forme une individualité indépendante.

Cette différence doit être imputée à des conditions tout autres du courant électrique. Un courant, capable de provoquer une pareille individualisation de l'énergie, doit vraisemblablement posséder deux qualités, grande intensité et courte durée. La première s'impose en raison de l'énergie qui devra être fournie à l'unité nouvellement procréée. La seconde est également nécessaire, car la persistance du courant serait de nature à détruire par action inductive l'individualité formée ; au contraire, par la disparition subite du courant, elle devient aussitôt libre et indépendante et capable de suivre une évolution propre. Pour me servir d'une image familière, je rappellerai que, dans le lancement d'une toupie, il faut que la corde se déroule et se dérobe rapidement ; autrement, le mouvement de la toupie devient désordonné, le coup est manqué.

Or, les caractères que je viens de définir sont essentiellement ceux d'une explosion disruptive de l'électricité à haute tension, d'une fulmination, d'un coup de foudre. On sait, d'ailleurs, qu'une décharge similaire, obtenue à l'aide de nos machines, est capable de provoquer des mouvements tourbillonnaires dans le milieu pondérable. Il suffit pour le montrer de faire

jaillir des étincelles un peu longues dans une atmosphère remplie de fumée. Il y a donc de fortes présomptions pour qu'un semblable mouvement puisse
se déclarer dans l'éther lui-même, lorsque la commotion est très violente.

La question revient dès lors à savoir s'il a été
observé dans le voisinage des explosions de la foudre
des phénomènes d'individualisation possédant les
caractères fondamentaux du mouvement vital.

Je répondrai affirmativement : oui, sans aucun
doute, quelque chose de semblable a été observé ; ce
quelque chose, c'est la foudre globulaire [1] !

Avant d'approfondir ce sujet, je dois tout d'abord
combattre une objection formulée par divers savants
contre la réalité objective de cette étrange manifestation de l'électricité. D'après eux, l'observateur, ayant
eu la vue aveuglée par un éclair dirigé dans le sens
du rayon visuel, conserverait sur sa rétine pendant
un certain temps une impression qui lui ferait croire
à l'existence d'un corps lumineux extérieur ; ce corps

---

[1] On a parfois signalé l'apparition de globes de feu près du
sol et sans qu'il y ait eu d'explosion au préalable, notamment au
sommet de paratonnerres et le long de troncs d'arbres. Or, il n'est
pas douteux que ces derniers corps ne soient parcourus par des
courants dans les temps d'orages ; parfois ces courants venant
du sol présentent des caractères particuliers d'instantanéité et
d'extrême intensité. (Voir Arago, *Notice sur le Tonnerre*, dans
l'*Annuaire du bureau des longitudes* de 1838, p. 365 et suiv.)
Dans de pareilles circonstances, les conducteurs verticaux servent
de chemin à une effluve violente et subite, sorte de décharge
obscure, ascendante, possédant les mêmes propriétés que la
décharge lumineuse et capable comme elle de provoquer des
mouvements tourbillonnaires sur son pourtour.

lumineux se déplacerait en même temps que le rayon visuel, comme lorsqu'on a regardé le soleil en face ; ce ne serait alors qu'une illusion d'optique.

Il y a d'abord lieu de relever que toutes les relations du phénomène lui accordent un mouvement lent et suivant une trajectoire rectiligne ou lentement courbe, tandis que la mobilité du regard devrait faire parcourir à la virtualité subjective une trajectoire en ligne brisée et avec un mouvement rapide, saccadé.

Mais il y a surtout une raison qui est péremptoire et absolument probante, c'est que le même globe fulminant a pu être vu simultanément par plusieurs personnes à la fois. Le fait a été signalé très souvent. Je citerai, comme exemple, le récit suivant, dû à un témoin oculaire, M. Batti, peintre de l'impératrice d'Autriche[1].

En 1841, à Milan, un jour d'orage, le tonnerre éclatait de temps en temps avec un bruit épouvantable ; j'entendis dans la rue plusieurs voix d'enfants et d'hommes qui criaient : *guarda, guarda* (regardez, regardez), et, en même temps, j'entendis le bruit de souliers ferrés. Je courus à la fenêtre, et, tournant la tête du côté d'où venait le bruit, c'est-à-dire, à droite, la première chose qui frappa mes yeux fut un globe de feu qui marchait au milieu de la rue et au niveau de ma fenêtre, dans une direction non pas horizontale, mais sensiblement oblique. Huit ou dix personnes du peuple, continuant à crier *guarda, guarda*, les yeux fixés sur le météore, l'accompagnaient dans la rue d'un pas que les soldats nomment le pas accéléré. Le météore passa tranquillement devant ma fenêtre... Après un moment, crai-

---

[1] Faye. *Sur les orages et sur la formation de la grêle.* (*Annuaire du bureau des longitudes*, 1877, p. 559.)

gnant de le perdre de vue derrière les maisons qui sortaient de la ligne de celle dans laquelle j'étais logé, je descendis en hâte dans la rue et j'arrivai encore à temps pour le voir et me joindre aux curieux qui le suivaient. Il marchait toujours aussi lentement, mais il s'était élevé, de manière que, après trois minutes environ de marche toujours montante, il alla heurter la croix du clocher de l'église *dei Servi* et disparut avec un bruit sourd comme celui d'un canon de 36 ouï à la distance de 25 kilomètres avec un vent favorable.

Jugez maintenant de la difficulté d'expliquer ce phénomène dans l'hypothèse d'une impression subjective. Il faudrait supposer que les divers témoins aient eu la rétine affectée de la même façon et que, sans se dire le mot, ils aient marché du même pas, tourné la tête dans la même direction, regardé toujours un même point imaginaire de l'espace ; ce dernier aurait dû se déplacer pour tous de la même façon et aboutir pour tous au même endroit de l'espace ; puis, en même temps pour tous, l'illusion aurait subitement disparu ; car, autrement, chaque spectateur aurait cru voir une apparition distincte se comportant et finissant d'une façon différente. L'impossibilité d'une pareille entente saute aux yeux et entraîne la condamnation même de l'interprétation.

Du reste, dans sa classique *Notice sur le Tonnerre*[1], Arago, en accumulant les preuves à l'appui, a prouvé la réalité de ces phénomènes ; et, ajoute Daguin[2], « il est à remarquer que, depuis qu'Arago les a distingués comme espèce de la foudre ordinaire, les

---

[1] Arago. *Notice scientifique sur le Tonnerre (Annuaire du Bureau des longitudes pour 1838)*.

[2] Daguin. *Traité de physique élémentaire*, éd. 3, p. 226.

relations plus détaillées signalent presque toujours cette circonstance que l'apparition du globe de feu a été précédée d'un coup de foudre. S'il en était toujours ainsi, il se pourrait que les globes fulminants fussent un effet ou un produit de la foudre, et non de la foudre elle-même. »

Voilà, certes, une interprétation qui cadre merveilleusememment avec la thèse que nous soutenons.

Montrons maintenant que, plus qu'aucun autre phénomène connu, les globes fulminants possèdent, puissamment accusés, les caractères fondamentaux du mouvement vital.

1° La personnalité.

Le globe de feu constitue une sorte d'unité absolument tranchée et distincte du milieu. Il marche lentement près du sol, semble éviter les obstacles qu'il rencontre dans sa course errante; il ne montre aucune tendance à se rapprocher des métaux et des corps bons conducteurs. Ses manières étranges ne peuvent se rattacher à aucune manifestation connue des forces physiques. Au contraire, son allure générale rappelle celle d'un être vivant qui aurait la même densité que le milieu, un animal aquatique au sein de l'eau, par exemple. « Ces effrayants mobiles ont des mouvements tellement bizarres que l'on semble obligé de les croire *volontaires* [1]. »

On connaît la classique relation rédigée par Babi-

---

[1] W. de Fontvielle. *Éclairs et Tonnerres*, p. 61.

net et qu'il communiqua à l'Académie des Sciences,
le 5 juillet 1852 [1].

L'objet de cette note est de mettre sous les yeux de
l'Académie un des cas de foudre globulaire que l'Académie m'avait chargé de constater il y a quelques années
(le 2 juin 1843) et qui avait frappé, non en arrivant, mais
en se retirant, pour ainsi dire, une maison située rue Saint-
Jacques, dans le voisinage du Val-de-Grâce. Voici, en peu de
mots, le récit de l'ouvrier dans la chambre duquel le tonnerre en boule descendit pour remonter ensuite.

Après un assez fort coup de tonnerre, mais non immédiatement après, cet ouvrier dont la profession est celle de
tailleur, étant assis à côté de sa table et finissant de prendre
son repas, vit tout à coup le châssis garni de papier qui
fermait la cheminée s'abattre comme renversé par un coup
de vent assez modéré et un globe de feu, gros comme la tête
d'un enfant, sortir tout doucement de la cheminée et se pro-
mener lentement par la chambre à peu de hauteur des
briques du pavé.

L'aspect du globe de feu était encore, suivant l'ouvrier
tailleur, celui *d'un jeune chat* de grosseur moyenne pelotonné sur lui-même et se mouvant sans être porté sur ses
pattes. Le globe de feu était plutôt brillant et lumineux
qu'il ne semblait chaud et enflammé et l'ouvrier n'eut
aucune sensation de chaleur.

Ce globe s'approcha de ses pieds *comme un jeune chat*
qui veut jouer et se frotter aux jambes, suivant l'habitude
de ces animaux ; mais l'ouvrier écarta les pieds et, par plusieurs mouvements de précaution, mais tous exécutés, suivant lui, très doucement, il évita le contact du météore.
Celui-ci parait être resté plusieurs secondes autour des pieds
de l'ouvrier assis qui l'examinait attentivement, penché en
avant et au-dessus. Après avoir essayé quelques excursions
en divers sens, sans cependant quitter le milieu de la
chambre, le globe de feu s'éleva verticalement à la hauteur
de la tête de l'ouvrier, qui, pour éviter d'être touché au
visage et en même temps pour suivre des yeux le météore,

---

[1] *Comptes rendus*, t. XXXV, p. 5.

se redressa en se renversant en arrière sur sa chaise. Arrivé à la hauteur d'environ un mètre au-dessus du pavé, le globe de feu *s'allongea un peu* et se dirigea obliquement vers un trou percé dans la cheminée environ à un mètre au-dessus de la tablette supérieure de cette cheminée.

Ce trou avait été fait pour laisser passer le tuyau d'un poêle qui, pendant l'hiver, avait servi à l'ouvrier. Mais, suivant l'expression de ce dernier, le tonnerre ne pouvait le voir, car il était fermé par du papier qui avait été collé dessus.

Le globe de feu alla droit à ce trou, en décolla le papier sans l'endommager et remonta dans la cheminée ; alors, suivant le dire du témoin, après avoir pris le temps de remonter le long de la cheminée, du train dont il allait, c'est-à-dire, assez lentement, le globe arrivé au haut de la cheminée, qui était au moins à vingt mètres du sol de la cour, produisit une explosion épouvantable qui détruisit une partie du faîte de la cheminée et en projeta les débris dans la cour ; les toitures de plusieurs petites constructions furent enfoncées, mais il n'y eut aucun accident grave.

Le logement du tailleur était au troisième étage et n'était pas à la moitié de la hauteur de la maison ; les étages inférieurs ne furent pas visités par la foudre et les mouvements du globe lumineux furent toujours lents et non saccadés. Son éclat n'était point éblouissant et il ne répandait aucune chaleur sensible. Il ne paraît pas avoir eu de tendance à suivre les conducteurs et à céder aux courants d'air.

Relevons spécialement cette comparaison de l'allure du globe avec celle d'un *jeune chat*, cette sorte d'*instinct* qui lui fait deviner l'existence d'une perforation dans la muraille, et enfin cette déformation *amiboïde* de sa masse pour s'insinuer plus aisément entre la paroi de la cheminée et le papier et décoller celui-ci, sans l'endommager.

Quant à l'explosion finale, laissons-la de côté momentanément ; nous en verrons bientôt l'interprétation. Signalons encore la relation suivante.

M. Faye, le savant physicien de l'Institut, dont le témoignage fait autorité, a raconté quelque part un vieux souvenir de famille qui mérite d'être rappelé.

Pendant un violent orage de nuit, un de ces globes pénétra, probablement par la cheminée, dans la chambre d'une domestique, à côté de celle où sa mère et sa sœur s'étaient réfugiées. Elles ne virent pas ce globe, mais elles l'entendirent circuler avec un fort grondement.

Heureusement la domestique, qui était couchée, dormait si profondément qu'elle ne se réveilla pas.

Au bout de quelques instants, qui parurent bien longs, la boule passa par-dessous la porte en enlevant quelques copeaux de bois, dont M. Faye put voir les traces, puis on l'entendit se diriger par un long corridor vers une fenêtre donnant sur une cour beaucoup plus basse ; elle cassa le coin de la vitre et tomba sur un amandier qu'elle brisa avec explosion. Le phénomène était si effrayant ou, du moins, l'émotion fut si vive, que la sœur de M. Faye en garda une pâleur mortelle pendant des semaines entières [1].

N'y a-t-il pas une analogie saisissante entre l'allure de ce globe de feu et celle d'un animal farouche, fourvoyé par mégarde dans une habitation et faisant effort pour en sortir et recouvrer sa liberté.

Daguin, dans un autre récit de foudre en boule, fait dire au rapporteur que « le globe vint se poser comme *un oiseau* sur un fil télégraphique [2] ».

Dans cette tendance naturelle que l'on a de comparer les faits et gestes du globe électrique avec ceux des animaux, n'y aurait-il pas comme une sorte de pressentiment d'un lien de parenté ?

On signale fréquemment ce fait que, lorsque le globe tombe sur le sol, il rebondit comme une balle élas-

[1] *Le Petit Journal* du vendredi 31 août 1894.
[2] Daguin, *loc. cit.*, éd. 4, t. III, p. 254.

tique. Il faut en conclure que les éléments qui le composent ont entre eux une cohésion unitaire qui rappelle celle des molécules protoplasmiques dans la masse de la cellule.

La comparaison des diverses relations de foudres globulaires montre que ces météores, quoique ayant une manière d'être générale analogue, offrent cependant de notoires différences individuelles. Ces différences portent sur les dimensions très variables, sur la couleur allant du blanc mat au jaune, au vert, au bleu [1] ; sur la marche plus ou moins lente ou précipitée ; sur l'intensité de l'explosion finale ; sur les particularités diverses de l'allure. Cela concorde bien avec l'idée que nous nous faisons de la grande diversité native qu'ont dû présenter entre eux les premiers protoplasmes qui ont peuplé la terre à l'origine.

2° La segmentation.

C'est là une propriété qui semble essentielle à la foudre globulaire et les cas de division ont été fréquemment observés. Je citerai quelques passages de la notice d'Arago :

Page 260 :

Dans un orage, le 16 juillet 1750, après un coup de foudre qui endommagea une maison de Darking (Surrey), tous les témoins de l'événement déclarèrent qu'ils avaient vu de grosses boules de feu autour de la maison foudroyée ; en arrivant à terre ou sur les toits, ces boules se *partagèrent*

---

[1] Nous verrons ultérieurement que, suivant toute vraisemblance, la luminosité des globes doit être rapprochée de la phosphorescence chez les êtres vivants.

en un nombre prodigieux de parties qui se dispersèrent dans toutes les directions.

Page 264 :

Peu de temps après l'entrée de Philippe V à Madrid, la foudre tomba sur le palais. Les personnes réunies en ce moment dans la chapelle royale y virent entrer deux boules de feu ; l'une d'elles se *subdivisa en plusieurs autres* qui, avant de se disperser, bondirent à plusieurs reprises comme des balles élastiques.

Page 265 :

Après une explosion de la foudre dans la maison de M. David Sutton, à Newcastle-sur-Tyne, en 1809, plusieurs personnes virent par terre, à la porte même du salon où elles se trouvaient réunies, un globe de feu immobile ; il s'avança ensuite jusqu'au milieu du salon et se *subdivisa* en *plusieurs fragments* qui eux-mêmes firent explosion comme les étoiles d'une fusée.

J'emprunte encore à *la Nature* la relation d'un fait analogue de date plus récente.

Le 2 janvier 1890, à 9 h. 15′ du soir, à Pontévédra, en Espagne, M. Caballero, directeur de la station d'électricité pour l'éclairage de la ville, vit tout à coup un globe de feu de la dimension d'une orange tomber sur un des conducteurs aériens. Par ce chemin il se rendit avec une lenteur relative à l'usine d'électricité, détruisit l'appareil de distribution et, relevant l'armature d'un interrupteur de courant, il frappa la dynamo en mouvement. Sous les yeux du mécanicien et des ouvriers terrifiés, il rebondit deux fois de la dynamo aux conducteurs et des conducteurs à la dynamo, puis tomba et éclata avec bruit en une *multitude de fragments*, sans laisser la moindre trace de sa mystérieuse nature. Plusieurs personnes avaient vu la boule de feu dans la ville avant qu'elle ne pénétrât dans l'usine [1].

[1] *La Nature*, 1890, 1er semestre, p. 167.

Cette dernière observation tend à prouver que la boule fulminante, provenant sans doute d'un orage éloigné, avait dû fournir antérieurement une course considérable, et permet d'expliquer comment cet étrange coup de théâtre s'est passé « par un ciel clair et serein ».

3° *Le fusionnement.*

La réunion de deux ou plusieurs globes de feu en un seul est également un fait d'observation.

Lors de l'accident qui détruisit entièrement, dans la nuit du 14 au 15 avril 1718, l'église de Guesnon, près de Brest, Deslandes vit trois globes de feu de plus d'un mètre de diamètre, *qui se réunirent en un seul ;* celui-ci traversa le mur de l'Église et éclata dans l'intérieur en faisant sauter le toit et les murs [1].

Il est à noter que les exemples de fusionnement sont beaucoup plus rares que ceux de segmentation. Il y a à cela une raison majeure, c'est que fort rarement plusieurs globes se trouvent réunis dans le voisinage les uns des autres.

Remarquons, toutefois, encore que chez les êtres vivants la conjugaison est un phénomène beaucoup plus espacé que la segmentation. Ainsi, pour prendre un exemple bien défini tiré de l'étude des infusoires, on constate que le besoin de la conjugaison ne se fait sentir impérieusement, suivant les espèces, qu'au bout de la 120ième, la 140ième, la 300ième génération par voie de division scissipare [2].

[1] Daguin. *Traité élémentaire de Physique*, éd. 4, p. 254. — Arago, *loc. cit.*, p. 259.

[2] Hertwig. *La Cellule et les Tissus*, traduct. franç., p. 249.

Chez les êtres supérieurs, la sexualité n'apparaît que dans la forme adulte, après une prodigieuse division cellulaire à partir de l'œuf.

4° La mort.

Il y a lieu, comme pour l'être vivant, de distinguer la mort totale définitive et la mort partielle, ou usure progressive de l'énergie latente.

La mort définitive se fait ici avec une grande violence, parce que l'énergie n'est pas retenue dans les mailles d'une charpente chimique, et le caractère nettement explosif d'un système endothermique apparaît ici avec une netteté incomparable. Nous savons que la chose était prévue d'avance [1].

On peut juger par les citations précédentes et les nombreuses relations qui ont été publiées que, le plus souvent, la vie errante du globe électrique se termine par une violente explosion causant parfois de grands dégâts.

On reste stupéfait en mettant en parallèle la violence de ces détonations, rappelant celle des explosifs modernes, avec la faible masse qui recélait cette puissance vive à l'état potentiel. En effet, la grosseur des globes est comparée à celle d'une balle d'enfant, du poing, d'une orange, de la tête, au plus d'une meule de moulin ou d'un tonneau. La densité du substratum de ces météores ne peut différer sensiblement de celle de l'air, puisqu'ils flottent dans l'atmosphère, et son poids ne dépasse pas quelques grammes et peut

[1] Se reporter au chapitre III.

même descendre au-dessous du gramme, le litre d'air pesant 1^{gr}·,293.

Il n'y a pas de corps détonnant connu en chimie qui satisfasse à de pareilles conditions dynamiques, et l'on est forcé d'admettre que cette énorme force vive est logée dans l'éther et que la matière pondérable ne lui sert que de support.

Planté, à qui l'on doit d'intéressantes tentatives de reproductions des globes de feu, pense que leur énergie interne doit s'expliquer par des mouvements vibratoires spéciaux extrêmement violents des molécules électriques qu'il compare, jusqu'à un certain point, au mouvement de rotation de tores animés d'une grande vitesse [1]. En somme, c'est la même conception que la nôtre.

M. Faye a également émis une idée bien voisine en attribuant les propriétés des globes fulminants à un état dynamique de la matière électrique, analogue à celui des anneaux-tourbillons de William Thompson [2]. Ailleurs encore, il les considère comme provenant d'une sorte d'enkystation électrique et les rattache au mouvement tourbillonnaire [3].

Le plus souvent, la rupture du globe électrique se traduit par des effets mécaniques : commotion violente de l'air, renversement de murailles, etc.

Mais l'explosion peut également revêtir la forme électrique. « Fréquemment le globe fait tout à coup

---

[1] Cf. *La Nature*, 1876, II, p. 281.

[2] Ac. des Sc., 6 otobre 1890.

[3] *Annuaire du Bureau des longitudes*, 1876, p. 515.

explosion avec fracas, en lançant autour de lui des traits sinueux, éblouissants [1]. »

Dans certains cas, ce sont de véritables courants électriques. C'est ce qui arriva pour ce globe que nous avons vu venir se poser sur un fil télégraphique. .

« Le globe ayant disparu subitement, les appareils de la station voisine se murent vivement et l'on en vit jaillir une foule d'étincelles, ce qui montre que l'électricité du globe s'écoulait par le fil [2]. »

Il eût été bien intéressant de constater le sens de ce courant.

Pendant l'accident de Pontévédra, il est également question de perturbations électriques dans la distribution des conducteurs à lumière. « Pendant les évolutions du globe, les lumières électriques oscillèrent dans la ville [3]. » Toutefois, il faut tenir compte ici de ce que le météore avait causé de graves avaries à la machine et que « la ville aurait été plongée dans l'obscurité, si le sang-froid des électriciens ne leur avait permis de remettre toutes choses en ordre en quelques secondes, après l'évanouissement du météore. »

Un grand dégagement de chaleur au moment de l'explosion est aussi une chose qui n'est pas douteuse, et le nombre d'incendies allumés par des boules de feu électrique est considérable.

Il est bien intéressant de noter que les récits des personnes qui ont été au premier rang pour les observer de près ne leur attribuent pas de chaleur sensible,

---

[1] Daguin, *loc. cit.*, p. 253.
[2] Daguin, *loc. cit.*, p. 254.
[3] *La Nature, loc. cit. antea.*

tant qu'elles sont dans leur période de vie errante ;
elles semblent être froides ; tout au plus les a-t-on
incriminées de produire des roussissures, mais non
de mettre le feu. Ce dernier fait s'observerait seulement au moment de l'explosion finale.

En résumé, la rupture du globe libère son énergie
interne sous les trois formes fondamentales : effets
mécanique, chaleur, électricité ; c'est précisément la
même chose que pour la vie.

La mort partielle libérant progressivement de l'énergie permet d'expliquer les évolutions si étonnantes
du globe électrique à travers l'atmosphère. Nous
retrouvons, en particulier, l'émission de la lumière
comparable à la phosphorescence, la production d'une
faible chaleur et le mouvement, que nous mettrons
plus tard en parallèle avec celui des animaux. En un
mot, il n'est rien du globe fulminant qu'on ne puisse
retrouver chez les êtres vivants.

En définitive, le globe a vécu pendant un certain
temps, il a dépensé une partie de son énergie première en des manifestations diverses qui rappellent
celles des animaux ; puis il s'est rupturé en restituant
le reste de son énergie. On pourrait le comparer à un
individu privé de nourriture, qui vit pendant un certain temps sur ses réserves et finit par mourir en
restituant son énergie interne de vitalité.

Ainsi donc, ici encore, comme chez les êtres vivants,
nous retrouvons la distribution de l'énergie totale en
énergie disponible et énergie de réserve.

A la vérité, l'énergie totale du globe semble être,
étant donné la très faible masse du substratum, de

beaucoup supérieure à celle de la cellule vivante ; mais il faut bien considérer que, pour établir une comparaison rigoureuse, il faudrait ajouter à l'énergie de la cellule celle qu'il serait nécessaire de dépenser pour amener les substances minérales CO_2, H_2O, O, Az, etc., à la forme d'albuminoïde, substratum définitif du mouvement vital.

Ajoutons encore que, sous sa forme actuelle, la vie ne se rupture pas avec la brusquerie du globe de feu et que la restitution de l'énergie par la mort de l'être vivant se fait, au contraire, progressivement, lentement et passe inaperçue. Dans le globe fulminant, le mouvement intestin n'étant pas engagé dans la matière pondérable et gêné par elle, revêt au moment de sa destruction la forme disruptive instantanée. On peut comparer ces deux modes de restitution d'énergie à la destruction lente et progressive de la dynamite simplement enflammée et à l'explosion instantanée de la même matière, lorsqu'elle est ébranlée par l'excitation d'une amorce au fulminate.

5° *Le pouvoir chimique.*

Cette faculté est mise hors de doute par les observations nombreuses relatant la production de composés chimiques sur le passage et après l'explosion du météore. Je vais encore faire des emprunts à la notice d'Arago :

Page 264 :

Le 7 octobre 1711, quatre globes de feu gros comme le poing éclatent dans une église à Sampford-Courtney (Devonshire) et la remplissent d'une *fumée sulfureuse.*

Page 265 :

Le 20 juin 1772, un globe de feu de même grosseur est observé dans un presbytère à Steeple-Arton. Ce globe était entouré *d'une fumée noire*. En éclatant, il fit un bruit comparable à celui d'un grand nombre de pièces de canon qui partiraient à la fois. Une *vapeur sulfureuse* se répandit aussitôt après dans toute la maison.

Page 372 :

Le 4 novembre 1749, par 42° 48' de latitude nord et 11° 1/2 de longitude occidentale, un globe de feu bleuâtre de la grandeur apparente d'une meule de moulin s'avança rapidement vers le vaisseau anglais *le Montague*, en roulant à la surface de la mer. Après s'être élevé verticalement à peu de distance du navire, il alla frapper les mâts avec une explosion comparable à celle de plusieurs centaines de canons : le grand mât de hune fut brisé en une multitude de pièces. Entre autres effets une *odeur sulfureuse* se répandit dans les batteries.

Ces désignations d'odeurs et vapeurs sulfureuses ne sont évidemment qu'approximatives, le gaz sulfureux n'ayant rien à faire ici. Il s'agit certainement d'autres gaz odorants, tels que l'ozone et les vapeurs nitreuses, c'est-à-dire, des produits de condensation des éléments de l'atmosphère.

Les fumées noires méritent attention : ou bien elles proviennent de roussissures d'objets organiques rencontrés par le météore, ou bien elles sont le résultat d'un travail intestin qui semblerait indiquer la formation de composés charbonneux provenant, peut-être, de la réduction de l'acide carbonique de l'air.

Les citations suivantes ont, à cet égard, une importance de premier ordre ?

Il n'est point prouvé qu'on doive rejeter comme mensongères toutes les relations où il est parlé de coups de foudre accompagnés de chutes de matière. Sur quoi se fonderait-on pour s'inscrire en faux contre ce fait que je tire des œuvres de Boyle ?

« En juillet 1681, la foudre produisit beaucoup de dégâts, près du cap Cod, sur le bâtiment anglais l'*Albemarl*. Le coup de foudre fut suivi de la chute dans la chaloupe même, suspendue à la poupe du navire, d'une *matière bitumineuse* qui brûlait en répandant une odeur semblable à celle de la poudre à canon. Cette matière se consuma sur place ; on avait essayé vainement de l'éteindre avec de l'eau ou de la projeter dehors en se servant de tiges de bois [1]. »

Bien qu'il ne soit pas fait mention ici de la forme de l'éclair, il y a lieu de supposer, avec quelque probabilité, qu'il y eut intervention de la forme globulaire. Il est dit, en effet, que la foudre fut *suivie* de ladite chute ; ce n'est donc pas le choc même de l'éclair dans la chaloupe qui produisit l'effet en question. Sans doute, un globe de feu, engendré par le coup de foudre, en fut l'auteur.

Voici des faits analogues qui ont été observés depuis Boyle.

Le 28 juillet 1885, un homme sortant de Luchon vers une heure et demie de l'après-midi, alors que l'orage grondait fortement, vit la foudre tomber à 20 mètres environ. Remis de la secousse, il alla voir l'effet produit et vit un enduit fondu et brillant sur les pierres du mur qui borde la route. Un géologue très distingué du pays, M. Maurice Gourdon, se rendit sur les lieux et recueillit de ce vernis sur des schistes, sur des calcaires et jusque sur l'écorce des arbres. Il voulut bien, avec un empressement dont je le remercie, me faire parvenir ces curieux spécimens et je les étudiai avec le plus grand soin. Mon résultat, que M. le Secrétaire perpétuel communiqua à l'Académie, est que la substance

---

[1] Arago, *loc. cit.*, p. 427.

fondue, loin d'être un verre, comme il arrive dans les fulgurites ordinaires, est une résine, facilement enflammable, qu'on peut distiller, que l'alcool dissout pour l'abandonner sous forme de précipité en présence de l'eau. La chute de cette substance singulière étant parfaitement constatée, il y a lieu de se demander si elle dérive réellement de la foudre, ou si, d'origine météorique, elle n'a pas été apportée par quelque bolide. Dans tous les cas, elle paraît être cette même substance qu'on a vu brûler dans un grand nombre de cas d'orage et spécialement lors de l'accident survenu en 1681 sur l'*Albemarl* et dont Richard Boyle nous a conservé le récit. Il s'agit d'une masse résineuse tombée sur le pont à la suite d'un coup de tonnerre et qu'on essaya vainement d'éteindre avec de l'eau ou de précipiter dans la mer avec des bâtons [1].

A propos de la substance résineuse tombée avec le tonnerre à Luchon, le 28 juillet 1885, et que j'ai décrite dans la dernière séance, M. Trécul rappelle que, le 25 août 1880, il vit tomber d'un nuage orageux des gouttes de matière enflammée. Le savant académicien pense qu'il s'agit dans les deux cas du même phénomène. — « Quoique dans le cas dont il s'agit ici, ajoute-t-il, la chute du corps n'ait pas été accompagnée du bruit du tonnerre, il me semble que le fait que je viens de rapporter peut être rapproché de celui qui fut signalé par l'habitant de Luchon et qu'il est probable que la matière résineuse, si bien étudiée par M. Stanislas Meunier, provient non d'un bolide mais du *tonnerre en boule* tombé pendant l'orage, comme l'a cru ledit habitant de Luchon. Je crois que les deux observations se complètent réciproquement. J'ai vu la matière tombée sortir d'un nuage obscur, sans avoir pu la recueillir. A Luchon, M. Gourdon a recueili les produits de la chute, sans avoir par lui-même constaté leur provenance [2]. »

Et maintenant, est-il réellement téméraire de supposer qu'un météore capable de synthétiser de l'acide

[1] Stanislas Meunier, *in comptes rendus de l'Académie des Sciences. — La Nature*, 1886, II, p. 367.
[2] Stanislas Meunier, *loc. cit.*, p. 399.

azotique, de synthétiser des composés hydrocarbonés, ne puisse, à un moment donné, souder ces deux noyaux et donner naissance à un corps quaternaire voisin des albuminoïdes ? Il me semble que les deux premières synthèses sont tout particulièrement démonstratives de la puissance chimique du globe de feu électrique et plus difficiles à réaliser que cette soudure, dont nous avons de nombreux exemples en chimie organique ; qui peut les premières synthèses peut la seconde.

Dans ces conditions, le globe fulminant nous apparaît comme une petite nébuleuse en voie de condensation.

Tandis que la grande nébuleuse cosmogonique, son aînée, était destinée à créer le monde solaire dont nous faisons partie, celle-ci, de moindre amplitude, est appelée à peupler les terres provenant par la condensation de la première.

La grande nébuleuse partait de la matière primordiale et l'entraînait vers la synthèse de la matière condensée ; la petite nébuleuse entraine, à son tour, la matière condensée et la conduit à la forme de protoplasme vivant.

L'énergie considérable que renferme dans ses flancs le météore électrique et ses tendances générales nous permettent de considérer une pareille synthèse comme très vraisemblable. Qui peut dire à quoi ont abouti certaines de ces boules de feu qui se sont éteintes progressivement sans explosion ? Remarquons que la condensation jusqu'à l'état liquide ou solide d'une masse gazeuse de la grosseur du poing ne fournirait qu'un bien faible volume, quelques millimètres cubes, volume qui peut parfaitement passer inaperçu ; et d'autre part, ce volume est bien de l'ordre de grandeur des premières masses protoplasmiques que nous pouvons admettre comme ayant apparu à l'origine.

N'oublions pas de signaler que, lorsque des incendies ont été allumés par des globes de feu, cela a toujours eu lieu seulement au moment de leur explosion et non pendant leur course errante. Les personnes, qui se sont trouvées à même de voir de très près ces météores sont généralement d'accord pour affirmer que, malgré leur aspect lumineux, ils ne dégagent pas de chaleur sensible : c'est là un fait très important. Leur masse constitue une sorte de laboratoire à voie froide où des corps organiques peuvent être synthétisés sans danger d'altération ou de destruction par une élévation trop grande de température.

Pour résumer les présomptions que nous avons formulées au sujet des globes de feu, nous dirons que ces météores nous paraissent formés d'une association de mouvements tourbillonnaires élémentaires, réagissant les uns sur les autres de façon à constituer une unité qui retrace dans ses traits généraux les propriétés de la cellule vivante ; ces mouvements élémentaires ne seraient autres que les vortex vitaux. D'autre part, sous leur action, les éléments de l'atmosphère tendraient à être entraînés dans des combinaisons chimiques de plus en plus compliquées, pour aboutir à la matière protoplasmique vivante.

Ces météores sont relativement rares à l'heure

actuelle ; mais il n'a pas dû toujours en être ainsi, notamment aux premiers âges de la terre. D'abord, il est présumable que la production d'électricité atmosphérique devait être bien plus considérable dans cette atmosphère épaisse, chaude, chargée de vapeurs d'eau. Mais il y a encore d'autres sources puissantes d'électricité qui ont dû jouer un rôle considérable. Reportons-nous à l'autorité d'Arago :

Des globes lumineux se montrent plus fréquemment encore au milieu des orages volcaniques que pendant les orages ordinaires. Durant les éruptions du Vésuve de 1779 et de 1794, Hamilton et d'autres observateurs en virent à plusieurs reprises qui, après s'être élancés de l'épais nuage de cendres, éclataient en l'air comme des bombes de nos feux d'artifice au milieu desquels on a placé des serpentaux [1].

Les orages volcaniques sont, du reste, extrêmement fréquents [2] ; leur origine a été rapprochée de la production d'électricité dans la machine d'Armstrong.

Or, qu'est-ce que le vulcanisme, sinon le combat de l'eau avec le feu central ? Mais ce combat, aux époques primitives, a duré un temps énorme, et cela avec une violence incomparable, jusqu'à ce que la croûte terrestre fût suffisamment consolidée pour séparer les deux combattants.

L'eau, d'abord à l'état de vapeur, essaya de s'étendre en nappe liquide sur la surface encore brûlante : de cette conflagration sont sorties les

---

[1] Arago, *loc. cit.*, p. 262.
[2] Arago, *loc. cit.*, p. 236.

roches cristallophylliennes qui portent l'empreinte de l'action simultanée du feu et de l'eau.

Mais cette première écorce n'était pas plus tôt formée que des gondolements et des cassures s'y déclarèrent par suite du rétrécissement de la masse interne qui se solidifiait. L'immense nappe d'eau, récemment condensée, se précipita dans ces déchirures, rencontra le feu central et la lutte recommença, épouvantable ; elle se termina par l'épanchement d'énormes masses granitiques qui formeront, dès ce moment, l'ossature centrale des futurs grands continents.

Mais la lutte n'était pas encore terminée. Les nouvelles couches sédimentaires, comme les anciennes, continuent à se plisser et se fracturer, ainsi que le témoigne la stratigraphie ordinairement si tourmentée des terrains primaires. L'intervention de l'eau fit encore surgir de nouveaux éléments éruptifs, les porphyres et une grande quantité de produits filoniens ignés ou d'origine hydrothermale qui s'accumulèrent dans les cassures.

On peut, par l'imagination, se faire une idée des formidables explosions dues au contact de l'eau et du feu, des prodigieux jets de vapeurs, projetant tout obstacle devant eux, et s'élevant jusque dans les profondeurs de l'atmosphère. Les éruptions volcaniques actuelles ne sont que de pâles et médiocres images de ces tourmentes des premiers âges.

Dans ces immenses masses de vapeurs et de débris de toute nature, formant des nuages sans limites, il devait se déclarer des orages d'une intensité inusitée de nos jours : la foudre grondait sans interruption et les globes de feu étaient légions ! Et cet état de chose a duré un temps prodigieux !

Au début, alors qu'aucune matière protoplasmique n'existait encore, les globes de feu étaient les seuls véritables habitants de l'immense étendue de l'atmosphère et de la surface terrestre. Beaucoup d'entre eux ont dû exploser avant d'arriver au but pour lequel ils étaient destinés. Du reste, ne voyons-nous pas chez les êtres vivants cette immense prodigalité de spores, de graines, d'œufs, perdus pour un petit nombre de survivants, justifiant cette parole célèbre : *il y a beaucoup d'appelés, mais peu d'élus.* Mais quelques-uns ont pu condenser les éléments de l'air et se constituer ainsi un support suffisamment stable pour pouvoir évoluer ; et alors, alourdis par la condensation même, ils ont roulé vers la terre, entraînés par les premières pluies dans les premiers océans dont ils sont devenus les hôtes. La vie, en effet, s'est d'abord propagée dans la mer pour gagner ensuite les terres plus tardivement émergées.

Il faut remarquer que l'atmosphère d'alors, plus dense, plus chargée d'acide carbonique et, peut-être, d'autres produits encore, devait sans doute offrir plus de facilité que maintenant à la condensation et à la genèse de matières protoplasmiques. D'ailleurs, la composition de l'atmosphère et les conditions météorologiques ont dû subir des modifications progressives au cours de cette première période qui a été fort longue. Les divers germes originels des embranchements biologiques ont dû trouver successivement des conditions d'éclosion plus favorables, et la création a dû s'effectuer ainsi progressivement et pendant une longue durée [1], jusqu'à ce que les conditions fussent devenues de moins en moins favorables.

Comme je l'ai déjà dit, les globes fulminants actuels qui, après une course errante, aboutissent à une explosion finale, me font l'effet d'êtres vivants affamés, ne pouvant pas trouver une nourriture appropriée et finissant par mourir d'inanition, en restituant le résidu de leur énergie de vitalité.

D'ailleurs, les phénomènes que nous observons actuellement ne sont plus, malgré leur violence relative, que de lointaines reminiscences des âges passés; c'est de la même façon qu'en biologie on voit apparaître, de temps à autre, des caractères insolites qui rappellent des phases ancestrales de l'évolution des êtres actuels. Ces retours momentanés au passé sont d'un intérêt capital, car ils nous donnent la clef d'énigmes qui resteraient sans eux absolument indéchiffrables.

L'idée de rattacher les débuts de la vie à l'évolution de la foudre globulaire pourra bien paraître étrange et paradoxale. Il faut dire que ce rapprochement n'a, sans doute, jamais été plaidé d'une façon aussi circonstanciée que je l'ai fait ici. Cependant, à bien prendre les choses, il est difficile de ne pas reconnaître qu'il n'y ait un lien de parenté entre ces deux groupes de phénomènes, et j'ai la persuasion qu'il y

---

[1] Voir Delage. *La structure du protoplasma et l'hérédité*, p. 400.

a de grandes chances à parier pour la légitimité de ce rapprochement.

Remarquons que, dans l'état actuel de la science, nous sommes arrivés à nous rendre un compte assez exact de ce qui se passe autour de nous ; toutefois, deux notions nous échappent, la nature intime de la vie, la nature intime de la foudre globulaire. Prises séparément, ces deux choses constituent deux mystères impénétrables ; placées en regard, elles s'expliquent l'une par l'autre. On pourrait les comparer aux deux culées d'un pont dont le centre aurait disparu. Une certaine évolution de l'une vers l'autre aurait été le passage actuellement interrompu.

Pour lever toute espèce de doute à cet égard, il faudrait faire intervenir la méthode expérimentale, et, du reste, déjà quelques tentatives intéressantes ont été pratiquées dans cette voie. Pour mieux juger de ce qu'il y a de fait et de ce qu'il reste à faire, il faut se reporter à l'observation des phénomènes naturels. La genèse des globes électriques présente deux phases bien distinctes. Dans la première, la boule de feu ne persiste pas ; ce cas semble être extrêmement fréquent. Dans presque toutes les relations de chûte de foudre il est question de boules de feu qui éclatent instantanément ; dans diverses enquêtes, que j'ai dirigées moi-même sur des coups de foudre, on m'a affirmé avoir vu des boules éclatant au-dessus du sol. J'ai été moi-même témoin plusieurs fois d'éclairs en chapelet.

Dans la seconde phase, qui est beaucoup plus rare, la boule persiste ; complètement individualisée, elle se livre alors à cette course errante qui est si surprenante. Cette dernière manifestation ne se produirait, suivant toute vraisemblance, que dans les orages très violents.

Or, il me paraît bien établi que la première phase a été obtenue expérimentalement. On connaît les remarquables travaux de Planté à l'aide de courants de haut voltage [1] : il a pu obtenir la décharge sous l'aspect d'un petit globe lumineux qui, toutefois, restait solidaire des pôles et disparaissait quand on rompait le courant. Tout récemment, M. Righi [2] est parvenu à reproduire cette forme globulaire de la décharge à l'aide de machine électrostatique munie de condensateur, avec intercalation d'un circuit de grande résistance ; mais, ici encore, l'écoulement d'électricité est nécessaire pour maintenir cet aspect lumineux.

Peut-être, avec des moyens encore plus puissants, parviendrait-on à communiquer une autonomie complète à cette première forme de l'individualisation électrique, et à la transformer en globe errant et indépendant.

Les premiers résultats obtenus sont déjà fort intéressants et constituent un encouragement pour de nouvelles recherches.

Évidemment, ce n'est pas en attendant un miracle des forces naturelles, comme le faisaient les hétérogénistes, que l'on peut espérer voir la question s'éclaircir. Les grandes découvertes qu'il reste à faire néces-

---

[1] Planté. *Recherches sur l'électricité*, 1879.

[2] *Revue scientifique* du 6 juin 1896, p. 727.

sileront des moyens puissants. Nous pouvons en juger par les résultats obtenus dans ces derniers temps : liquéfaction des gaz, obtention de températures extrêmement basses ou extrêmement élevées, isolation des corps simples, cristallisation du diamant, etc. ; tout cela nécessite une mise en scène compliquée et des dépenses considérables.

Il en sera de même si l'on arrive jamais à synthétiser artificiellement un être vivant. Toutefois, les progrès incessants de la science et de l'industrie moderne sont de nature à faire espérer la solution du problème.

CHAPITRE VII

Origine du mouvement vital.

Période chimico-biologique.

Formation du protoplasme.

Maintenant que nous avons terminé l'étude de la période purement physique, il nous faut examiner de plus près les conditions d'entraînement de la matière pondérable vers la réalisation de la matière protoplasmique vivante.

Au début, aucune matière organique n'existait; tout au plus pouvait-il se rencontrer dans l'air quelques vapeurs d'hydrocarbures ayant une origine ignée comparable à celle que les chimistes attribuent au pétrole. Les tourbillons vitaux primitifs nés dans l'atmosphère se sont trouvés en présence de matières minérales gazeuses, azote, oxygène [1], vapeur d'eau, acide carbonique, hydrocarbures peut-être.

Ces substances ont été nécessairement les pre-

---

[1] D'après M. T.-L. Phipson, dans l'atmosphère primitive, l'oxygène aurait manqué, ayant été complètement absorbé pendant la période d'ignition par les matériaux oxydables du noyau; le gaz carbonique aurait été, au contraire, surabondant; sa décomposition par les végétaux primitifs serait l'origine de l'oxygène atmosphérique. (Voir *Revue scientifique*, 1893, 2ᵉ semestre, p. 248; 1894, 2ᵉ semestre, p. 278.)

mières engagées dans le mouvement de combinaison. Plus tard, quand les jeunes protoplasmes furent entraînés dans les océans, des substances minérales solides, d'abord dissoutes, ont pu être admises également dans leur composition.

Toutefois, cette admission ne s'est point opérée sans des lois bien définies et sans une sorte de contrôle rigoureux. Nous constatons actuellement le même fait dans l'assimilation des aliments chez les animaux et les végétaux. Il y a dans ce choix certaines raisons d'ordre purement chimique qui peuvent facilement être mises en évidence [1].

D'abord, si nous classons les corps simples, à l'exemple des chimistes, suivant la croissance du poids atomique, en ne prenant que ceux qui sont assez abondamment répandus dans la Nature pour avoir pu intervenir activement, nous constatons que ce sont seulement ceux du commencement, avec des poids atomiques faibles, qui jouent un rôle effectif dans la question biologique :

$$H = 1, \quad C = 12, \quad Az = 14, \quad O = 16.$$

$$Fl = 19, \quad Na = 22, \quad Mg = 24, \quad Si = 28, \quad P = 31,$$
$$S = 32, \quad Cl = 35,5, \quad K = 39, \quad Ca = 40, \quad Al^2 = 27 \times 2 = 54^2,$$
$$Mn = 55^3, \quad Fe = 56.$$

[1] Cette étude a été présentée à la Société d'Études scientifiques d'Angers, dans la séance du 2 octobre 1879. (Voir *Bulletin*, 1878-79, p. 56.)

[2] L'Aluminium ne se trouve guère que dans les cendres des Lycopodiacées. Cf. Crié, *Anat. et Phys. végét.*, p. 78.

[3] Le Manganèse est fréquent, surtout dans les végétaux aquatiques.

$$Cu = 63\,[1], \quad Zn = 65\,[2], \quad As = 75\,[3], \quad Br = 80\,[4],$$
$$Sr = 87\,[5], \quad Io = 126\,[6], \quad Ba = 137\,[7].$$

Les quatre premiers sont fondamentaux, indispensables ; ce sont les éléments cardinaux de la molécule protoplasmique.

Les douze suivants interviennent d'une façon moins massive, mais active cependant ; ce sont des adjuvants, des succédanés. Quant aux sept derniers, leur intervention est toujours extrêmement restreinte ; ils sont sur la limite de tolérance et, après l'Iode et le Baryum, on ne connaît plus de corps admis à entrer en combinaison dans les cellules vivantes [8].

[1] Le Cuivre a été constaté dans le sang des mollusques et dans les cendres de divers végétaux : oranger, hêtre, pin, les graminées.

[2] Dans les cendres de *Viola tricolor*, var. *calaminaria*, et de *Thlaspi alpestre*, var. *calaminarium*, qui servent à reconnaître les gisements de minerai de Zinc.

[3] L'Arsénic ingéré dans l'organisme peut remplacer partiellement le Phosphore, notamment dans les os. Certaines algues peuvent vivre dans des solutions arsénicales.

[4]
[5] Dans les algues. Cf. Crié, *loc. cit.*, et Wurtz, *Dict. de*
[6] *Chimie*, art. Cendres.
[7]

[8] Parmi les corps simples rares, on a signalé :

Le Lithium, $Li = 7$,   dans le tabac, la vigne, les essences forestières ;
Le Bore, $Bo = 11$,   dans les algues ;
Le Nickel, $Ni = 58{,}5$, le Cobalt, $Co = 58{,}7$, dans les algues ;
Le Rubidium, $Rb = 85$,   dans le tabac, le café, la betterave. (Crié, Wurtz, *loc. cit.*)

Tous ces corps ont des poids atomiques moindres que ceux de l'Iode et du Baryum.

Peut-être, faut-il attribuer ce fait à la diminution d'activité chimique avec l'alourdissement de l'atome ; ainsi les métaux nobles à poids atomiques très élevés ont des affinités très atténuées? Ou bien encore les atomes lourds se prêtent-ils mal à la conservation du mouvement vital? Ce qu'il y a de certain, c'est que, si l'on groupe les corps simples par série naturelle, on voit que leur importance organique va en décroissant du premier aux suivants et qu'on ne tarde pas, en poussant plus loin, à trouver des corps nettement incompatibles avec la vie :

ACTIFS.	SUCCÉDANÉS.	TOLÉRÉS seulement à faible dose.	INCOMPATIBLES.
Oxygène.	Soufre.		Sélénium, Tellure.
Azote.	Phosphore.	Arsénic.	Antimoine.
Carbone.	Silicium.		
Hydrogène {	Fluor, Chlore.	Brome, Iode.	
	Métaux légers.	Métaux intermédiaires.	Métaux lourds.

Un second facteur chimique dominateur est l'atomicité. Groupons nos corps simples suivant cette faculté :

Monoatomiques : H ; Fl, Cl, Br, Io ; Na, K.
Diatomiques : O, S ; Mg, Ca, Mn, Fe, Cu, Zn.
Tri-pent-atomiques : Az, P, As.
Tétratomiques : C, Si.

La nécessité d'une valence élevée dans quelques-uns des éléments fondamentaux saute aux yeux. Supposons un milieu uniquement composé de corps simples monoatomiques; les seules combinaisons possibles seront d'une désespérante simplicité, ex. $H'Cl'$, $K'Br'$, $Na'Fl'$.

Si on y fait pénétrer, en outre, des corps diatomiques, il y aura un peu plus de variété, mais cela
n'ira pas encore bien loin ; on aura des combinaisons
de la forme H'^2O'', $K'H'O''$ dont le nombre est extrêmement limité. Admettons maintenant la tétratomicité,
dont le représentant le plus autorisé est le carbone ;
du seul coup, nous introduisons plus de la moitié
de la chimie organique actuellement connue, c'est-à-
dire, des mille et des mille de corps différents : d'abord
toute la série des hydrocarbures, puis les alcools, les
acides, les éthers, les aldéhydes, les phénols, etc., etc.

Enfin, l'introduction de corps tri-pent-atomiques,
dont l'azote est le type, met le comble à la complication moléculaire : le nombre des combinaisons possibles ne peut plus être fixé, et l'on conçoit la possibilité d'échafaudages chimiques dont la complexité
déroute l'imagination ; tel est le cas des corps albuminoïdes.

Cette valence élevée des éléments constituants permet à la molécule protoplasmique d'avoir toujours
quelques atomicités libres et capables de souder, à
tout instant, de nouveaux groupements organiques.
Or, cela est bien d'accord avec ce que nous savons de
la chimie du protoplasme que nous voyons en échange
continuel avec le milieu et acceptant des corps à struc-
tures chimiques les plus diverses.

Par conséquent, il n'existe pas de formule chimique
capable de représenter d'une façon certaine la composition d'un protoplasme quelconque ; sa structure
est variable à chaque moment et ces modifications
incessantes ne portent aucune atteinte à la personna-

lité de l'être vivant ; c'est le mouvement qui est invariable, mais non la matière.

Nous entrevoyons ainsi une propriété fondamentale
de la substance chimique du protoplasme, à savoir,
d'être, de tous les groupements chimiques, celui qui
se prête le mieux à la plastique, si je puis dire,
et au développement du mouvement vital. C'est un
optimum ; il permet, avec la dépense minima, d'obtenir l'effet maximum ; et, en vertu du principe de la
moindre action, c'est vers lui qu'a dû converger dès
le début la puissance organisatrice de la vie naissante.

Maintenant, suivant quel processus s'est fait cet
acheminement de la matière minérale vers la substance protoplasmique ?

Les végétaux vont nous fournir à cet égard des
renseignements extrêmement précieux. Dans leurs
tissus verts l'acide carbonique est décomposé sous
l'action de la lumière avec rejet d'oxygène et fixation
du carbone sur l'eau, pour former une série d'hy-
drates de carbone, polymères de l'adéhyde formique
$(CH^2O)^n$ dont les principaux sont le sucre, l'amidon,
la cellulose, etc. Mais, en même temps, par la sève
ascendante, les azotates pénètrent dans la feuille et
créent un second centre d'action chimique qui, par
soudure avec le premier, va donner naissance aux
substances quaternaires.

Ainsi donc, d'un côté formation de corps hydrocarbonés combustibles, et d'un autre intervention de
l'acide azotique, noyau azoté, et, après réaction et
réduction, formation d'un système de corps albu-

minoïdes. Or, ces deux noyaux chimiques générateurs sont précisément ceux que nous avons vu prendre naissance dans les globes de feu ; le processus est le même. La seule différence est que le globe fulminant opère à l'aide de son énergie de réserve qui parait être considérable ; tandis que le végétal, n'ayant qu'une très faible réserve d'activité, fait appel à une force étrangère, la lumière.

La Nature, du reste, a opéré comme les chimistes eux-mêmes, en commençant par faire agir des groupements relativement simples, et n'abordant que progressivement les synthèses compliquées. Cette extraordinaire complexité des corps protoplasmiques n'est évidemment pas native, elle est le résultat d'un travail prolongé, de remaniement, de réduction, d'oxydation, de soudure, etc., de la part du mouvement vital. Autrement, il faudrait dire que les palais ont précédé les chaumières.

Ce dualisme de composition de l'albuminoïde, provenant à la soudure d'un noyau hydrocarboné et d'un noyau azoté, se retrouve également chez les animaux. Les recherches des chimistes modernes [1] montrent, en effet, que les substances albuminoïdes introduites dans l'organisme par la digestion subissent dans les tissus, et particulièrement dans le foie, un dédoublement en sucre, matières grasses et autres composés ternaires et en corps azotés, dont le plus important est l'urée. Cela revient à dire que, physiologiquement parlant, on peut considérer ici encore les matières

[1] A. Gauthier. *La chimie de la cellule vivante*, p. 77. G. Masson.

albuminoïdes comme dérivant des deux noyaux en question.

La synthèse des corps protéiques a dû absorber une bonne partie de l'énergie potentielle des tourbillons primitifs. On peut concevoir l'utilisation de cette puissance vive de la façon suivante. A l'origine, lorsqu'ils étaient libres et errants à travers l'atmosphère, leur substratum matériel d'alors, c'est-à-dire, le gaz atmosphérique, était loin d'être le support parfait, ils devaient rencontrer de sa part une sorte de résistance, de frottement ; l'énergie dépensée dans ce frottement a dû être employée à entraîner la matière minérale gazeuse dans des combinaisons offrant une résistance moindre. Ce même effort, se continuant sur les nouveaux composés, a dû les conduire, de proche en proche, à une structure offrant de moins en moins de résistance et les faire aboutir à la molécule protoplasmique, dont la résistance au mouvement vital est rigoureusement nulle.

C'est là, au point de vue dynamique, la seconde propriété fondamentale de la matière protoplasmique, à savoir, de n'opposer aucune résistance au mouvement vital élémentaire.

Quand ce résultat a été atteint, le reste de l'énergie primitive s'est accumulé dans le protoplasme formé et a constitué la réserve d'énergie vitale.

On peut comparer ce travail de transformation à celui auquel on soumet des morceaux de marbre pour en faire des billes, servant de jouets aux enfants. D'abord cubiques, ces morceaux, enfermés dans un baril auquel on imprime un mouvement de rotation, s'usent progressivement jusqu'à prendre la forme sphérique qui contrarie le moins leurs mouvements. Si nous supposions leur polissage porté à un degré idéal, les billes continueraient indéfiniment à se mouvoir, alors même que le baril aurait été arrêté. Le montage à billes des moyeux des vélocipèdes est basé sur ce principe.

A l'encontre des substances protoplasmiques préposées à la conservation du mouvement vital, existent d'autres substances qui, au contraire, opposent à ce mouvement une résistance plus ou moins considérable, parfois même insurmontable : ce sont les poisons.

La raison de cette résistance est certainement d'ordre chimique. Il y a des cas où le doute n'est pas possible : les réactifs qui modifient la composition de l'albumine, la coagulent, comme l'alcool absolu, le sublimé corrosif et autres agents fixateurs et durcissants, employés en anatomie et histologie, ont un mode d'action bien évident. On se rend moins bien compte de la manière d'agir de l'acide cyanhydrique, du chloroforme, des alcaloïdes, des toxines ; cette obscurité disparaîtra, suivant toute vraisemblance, lorsque la chimie des corps protéiques sera mieux connue [1].

Lorsque de pareilles substances se forment dans

---

[1] Pour continuer la comparaison que nous avons établie entre la cellule vivante et la machine de Holtz, nous pourrons dire que ces substances agissent comme l'air humide qui désamorce la machine.

les organismes vivants, elles ont toujours la signification de produits de désassimilation dont la cellule
se débarrasse ou dont l'organisme tire parfois parti
pour sa défense.

Lorsque le tourbillon vital a pu franchir sans
encombre le passage de la forme primitive à celle de la
cellule vivante, son évolution et ses propriétés appartiennent désormais à la biologie. Nous aurons maintenant à étudier les manifestations les plus générales de
l'unité vivante définitivement constituée.

CHAPITRE VIII

Propriétés de la matière vivante.

LES MANIFESTATIONS VITALES.

Nous savons que les caractères fondamentaux de la vie sont la personnalité, la segmentation, le fusionnement, la mort et le pouvoir chimique.

Un phénomène biologique quelconque est la résultante des actions simultanées de plusieurs ou de tous ces facteurs. Nous allons passer en revue ces principaux phénomènes, en montrant comment on peut les expliquer à l'aide des caractères fondamentaux.

Échanges avec le milieu.

L'être vivant peut passer par deux phases : 1° la vie latente, pendant laquelle l'échange avec le milieu est nul ; 2° la vie active où les échanges atteignent leur maximum d'intensité. Il y a entre ces deux termes extrêmes des stades intermédiaires. Nous nous occuperons plus spécialement de la vie active.

Malgré les variétés infinies de formes de la vie, le mécanisme de l'activité vitale est d'une extrême simplicité. Il est essentiellement lié à la rupture, à la destruction des éléments vitaux, des vortex ; toute manifestation vitale entraîne la mort d'éléments vitaux. Cette destruction libère de l'énergie qui se traduit, suivant les cas, par des effets les plus divers.

Mais, si les choses continuaient de la sorte indéfiniment, la mort envahirait peu à peu toute la masse de l'unité vivante et l'anéantirait. Heureusement, une autre propriété fondamentale intervient et contrebalance la destruction, c'est la segmentation des vortex vitaux.

Les vortex appartenant à la réserve vitale se multiplient par segmentation avec une extrême rapidité et viennent immédiatement boucher les vides, comme dans une bataille des troupes fraîches remplacent celles qui ont faibli. En temps normal, l'énergie disponible se trouve ainsi constamment renouvelée à mesure du besoin.

Mais, pour que cette réfection d'éléments vitaux puisse s'effectuer régulièrement, il faut deux choses, l'une d'ordre physique, l'autre d'ordre chimique ; il faut trouver de l'énergie facilement emmagasinable et une matière assimilable susceptible d'être transformée en protoplasme et de servir de support aux vortex vitaux. Ainsi, il importe de bien remarquer que les échanges avec le milieu sont de deux sortes, les uns physiques (énergie), les autres chimiques (matière assimilable).

De même que l'électricité peut être produite par des causes les plus diverses, moyens mécaniques, chaleur, actions chimiques, etc., de même une source d'énergie à peu près quelconque, pourvu toutefois qu'elle soit d'ordre particulaire, peut être mise à profit par le mouvement vital pour son accroissement et pour l'entretien de ses manifestations.

Chez les êtres chlorophylliens, c'est-à-dire, chez la plupart des végétaux et quelques animaux, c'est la radiation solaire, tamisée par la matière verte, qui fait les frais. Chez les animaux spécialement, mais aussi chez les végétaux, c'est l'action comburante de l'oxygène de l'air sur les matières organiques ; c'est la respiration, réaction plus ou moins complexe, mais pouvant être rapprochée, comme termes ultimes, d'une combustion lente.

Chez les organismes anaérobies, qui évoluent à l'abri du contact de l'air, comme la levure de bière, c'est l'énergie mise en liberté par le dédoublement exothermique, c'est-à-dire, avec dégagement de chaleur, de certaines molécules organiques. Ainsi, dans la fermentation du sucre, la molécule se disloque avec production d'alcool, d'acide carbonique, etc., et la masse s'échauffe.

Dans le développement de l'œuf des oiseaux, c'est à la fois l'énergie due à la respiration par le passage de l'oxygène à travers la coquille, mais surtout la chaleur fournie par la couveuse. Il est probable qu'il en est de même pour la germination des graines, ce qui expliquerait comment une graine ne peut germer au-dessous d'une certaine température, le milieu ne lui fournissant plus la chaleur nécessaire.

On a aussi démontré que les végétaux utilisaient la

puissance de l'électricité atmosphérique pour fixer l'azote de l'air.

Les échanges de matière pondérable avec le milieu comprennent l'assimilation de matériaux nouveaux et la désassimilation ou rejet de substances devenues impropres à la vie.

La matière assimilable pourra se présenter sous la forme minérale (végétaux et animaux chlorophylliens), ou fortement organisée (animaux carnivores et herbivores, végétaux parasites), ou dans un état intermédiaire (végétaux saprophytes, champignons, microbes, ferments du sucre, du vinaigre, etc.). Des cas mixtes d'assimilation se rencontrent chez les animaux chlorophylliens, chez les végétaux insectivores ; autant dire qu'on ne peut différencier catégoriquement les êtres vivants suivant leur régime alimentaire.

Si les conditions de milieu ne se trouvent pas réalisées, il se présentera deux solutions. Ou bien, la vie active se continuant, l'être s'épuise et meurt ; ou bien la matière vivante, abandonnant toute activité, perd de l'eau, se dessèche, se rétracte, et, désormais immobilisée sous sa forme dernière ou sous une autre forme mieux appropriée, attend le retour des circonstances favorables. Tel est le cas des animaux et végétaux reviviscents après dessiccation, des spores, des graines, etc.

Entre ces états extrêmes de la vie active et de la vie latente, il existe une forme intermédiaire, la vie ralentie. On en a des exemples dans les mammifères hibernants, les reptiles et batraciens s'engourdissant l'hiver, dans les formes hibernales de beaucoup de végétaux, tiges dégarnies de feuilles, bulbes, tubercules, rhizomes. Tout échange avec le milieu n'est pas entièrement aboli et la respiration, en particulier, persiste encore.

Quant au mécanisme intime de l'assimilation et de la désassimilation, il est encore très mal connu. On admet généralement que les substances nutritives et l'oxygène se fixent en nature dans la molécule protoplasmique en raison de ses nombreuses atomicités libres. Puis cette dernière subit des dislocations avec expulsion de produits résiduels.

Dans tous ces phénomènes d'échanges avec le milieu, c'est surtout le pouvoir chimique qui est mis en jeu.

Production du mouvement.

Le mouvement est une propriété fondamentale de la matière vivante, se rattachant aux manifestations de la personnalité. Cette faculté se montre avec une extrême intensité chez les animaux ; elle est moins caractérisée chez les végétaux, mais ne se traduit pas moins par des mouvements locaux ou d'ensemble, plus ou moins lents ou rapides, et par des déplacements intracellulaires décélables au microscope.

Le mécanisme intime de ces phénomènes dynamiques a été l'objet d'investigations de la part des physiologistes et des physiciens, mais est resté, malgré tout, entouré d'une grande obscurité.

J'indiquerai brièvement à ce sujet quelques documents historiques.

Lavoisier, dans ses recherches sur la respiration, remarque que la quantité d'oxygène absorbée est notablement plus grande quand l'organisme exécute un travail mécanique que lorsqu'il est au repos, ce qui semble indiquer une certaine relation entre la production du mouvement et l'activité des combustions respiratoires.

En 1845, Mayer, d'Heilbroonn, un des fondateurs de la théorie mécanique de la chaleur, met, le premier, nettement en relief l'analogie, au moins en bloc, des êtres vivants avec les machines à feu : dans les deux genres d'organismes, il y a production de chaleur par la combustion de substances hydrocarbonées, et une partie de l'énergie de la combustion est transformée en mouvement.

Il conclut également qu'il devait y avoir une relation constante, toujours la même, entre la quantité de chaleur qui est en déficit, quand il y a production de mouvement, et la quantité de travail mécanique engendré : c'est le principe de l'équivalence qui a été confirmé par tous les travaux postérieurs.

Un peu plus tard, en 1858, Hirn procède à des expériences de vérification sur l'homme lui-même et montre que les moteurs animés obéissent effectivement, dans la production du mouvement, au principe de l'équivalence ; en cela ils rentrent dans la règle générale. Mais, en même temps, ses expériences mettent en lumière un fait très grave, relativement au coefficient économique de la machine humaine.

Rappelons comment il convient d'apprécier le coefficient économique de la machine vivante. Dans une première détermination, le sujet en expérience reste en repos et, pour un certain poids P d'oxygène absorbé dans ses poumons, dégage une certaine quantité de chaleur Q. Dans une seconde expérience, il produit un travail musculaire ; toutes déterminations faites, on trouve que, pour le même poids P d'oxygène absorbé, il a dégagé une quantité de chaleur moindre Q' ; il a donc dans la seconde expérience un déficit $Q - Q'$ qui est en rapport avec le travail produit. Le coefficient économique sera alors $\frac{Q-Q'}{Q}$, c'est-à-dire, la fraction de *l'énergie chimique totale* [1] qui est utilisable en mouvement.

Or, ce coefficient n'est pas inférieur à 20 0/0 et, par conséquent, supérieur à celui des meilleures machines industrielles, qui atteignent difficilement 17 0/0. Il doit, d'ailleurs, très certainement dépasser cette valeur dans des cas particuliers.

L'explication de ce fait devient fort embarrassante, si l'on s'obstine à la chercher dans la thermodynamique. En effet, le second principe, le principe de Carnot, ne correspond à rien du tout dans le cas actuel. Son application suppose que le corps, servant à la transformation de l'énergie intestine en mouvement sensible, passe par des changements de température,

---

[1] J'emploie intentionnellement l'expression d'*énergie chimique* et non de *chaleur*, parce qu'il n'est pas démontré que ce soit la chaleur qui se transforme ici en mouvement.

au cours desquels il se dilate et diminue de volume alternativement. Or, dans la contraction musculaire, la variation de volume est *nulle* et l'effet thermique est *uniquement* une légère élévation de température.

Du reste, un rendement aussi élevé que celui des moteurs animés supposerait, dans le cas des moteurs à feu, des écarts d'au moins 200° entre les deux températures extrêmes de la substance servant à la transformation, condition manifestement incompatible avec la vie. Nous nous trouvons donc en présence d'un mécanisme d'un tout autre ordre et, de fait, la question n'a jamais reçu de solution satisfaisante ; elle reste entière.

A mon avis, d'ailleurs, elle n'a pas été posée dans toute sa généralité, et l'on a comparé entre eux des termes qui ne se correspondent pas. A bien prendre les choses et à faire momentanément abstraction des intermédiaires, pour ne plus voir que le commencement et la fin, machines à feu et moteurs animés nous apparaissent comme des organismes utilisant *l'énergie chimique* et réalisant du mouvement ; en cela ils sont parfaitement comparables. Mais ils cessent de l'être quand on passe aux détails de la transformation.

En effet, dans les moteurs thermiques, la machine à vapeur si l'on veut, l'énergie chimique de la combustion se transforme intermédiairement dans la forme *chaleur;* elle s'accumule sous cette forme dans la chaudière, pour être transformée ensuite en travail, conformément au principe de Carnot. Dans les moteurs animés, au contraire, cette phase est sautée, les choses marchent plus vite en besogne, et l'énergie chimique passe directement à la forme *mouvement*. La chaleur produite en même temps est un phénomène concomitant et non dominateur, et le principe de Carnot n'a rien à faire ici.

C'est donc une nouvelle question qu'il s'agit d'examiner. La meilleure méthode pour l'élucider est de rechercher dans le monde physique une analogie déjà étudiée.

Nous considérerons particulièrement l'assemblage d'une pile voltaïque et d'une machine dynamo-électrique. Le circuit étant fermé (ce qui correspondra dans l'organisme vivant à l'ordre de mouvement transmis par l'influx nerveux), le courant circule et la machine se met en mouvement. Ici, comme dans les êtres vivants, le travail engendré est emprunté à l'énergie de réactions chimiques exothermiques.

Mais toute cette énergie ne se transforme pas en mouvement, une partie se dissipe en chaleur et le circuit tout entier s'échauffe, tout comme le muscle qui se contracte : ici également la chaleur n'est qu'une manifestation concomitante. En effet, c'est le courant qui, dans sa circulation, distribue la chaleur, et non la chaleur qui engendre le courant.

D'autre part, on sait que, dans des conditions d'effet maximum, le rendement mécanique d'un pareil système est très élevé et peut atteindre 50 0/0 ; ainsi la moitié de l'énergie chimique primitive peut être transformée en travail moteur ; ce qui surpasse prodigieusement toutes les machines à feu. Nous ne serons

plus, dès lors, aussi étonnés de trouver un rendement élevé dans les moteurs animés ; ce n'est point
un fait isolé dans la Nature.

Enfin, si l'on vient à caler l'axe de la dynamo et
l'empêcher de tourner, le seul effet du courant sera
de produire de la chaleur et la température du circuit
s'élèvera. Or, c'est précisément ce qui se passe, quand
un muscle se contracte statiquement sans produire
de travail extérieur : on en a un exemple bien connu
dans les cas de tétanos, dans lesquels la masse de
l'organisme peut monter de plusieurs degrés au-dessus de la normale.

Après une correspondance aussi remarquable, il y
a tout lieu de supposer que l'analogie des effets tient
à une analogie de causes.

Que nous reste-t-il donc à faire pour terminer le
parallèle? Il nous reste à montrer que l'agent intermédiaire qui se charge de la transformation est le
même dans les deux cas. Dans celui qui nous sert
d'exemple, c'est le courant électrique, c'est-à-dire, une
des formes de l'éther ; il faut donc qu'il en soit de
même dans la vie : mais c'est précisément ce que nous
nous sommes efforcé de mettre en évidence depuis
le commencement de cet ouvrage. Nous sommes donc
parfaitement d'accord avec nous-même ; et la possibilité d'expliquer les origines du mouvement chez les
êtres vivants n'est pas un des moindres arguments
en faveur de notre thèse.

Nous sommes, en définitive, pour résumer ce parallèle, conduits à formuler un principe général de mécanique physique, dans lequel le principe de Carnot

rentre comme cas particulier : c'est que *l'énergie chimique peut se transformer en travail moteur par deux voies différentes : 1° par l'intermédiaire de la matière pondérable ; 2° par l'intermédiaire de la matière impondérable, l'éther.*

1° Dans le premier cas, l'énergie des réactions chimiques, se communiquant aux molécules d'une certaine substance convenablement choisie, augmente leur force vive, c'est-à-dire, la chaleur que renferme cette substance ; il en résulte une augmentation de volume ou de pression utilisable au point de vue du mouvement, si le corps est alternativement mis en contact avec cette source d'énergie à température élevée et avec un corps froid qui lui enlève une partie de sa chaleur et lui permet ensuite de se contracter. En définitive, le mouvement apparaît ici comme le résultat de la transformation de la chaleur, et cette transformation obéit rigoureusement au principe de Carnot.

2° Dans le second cas, l'énergie chimique est transmise directement à l'éther. Celui-ci restitue ce qui lui a été confié simultanément sous forme de chaleur et de mouvement ; il n'y a pas d'alternance de température et le coefficient économique peut s'élever jusqu'à 50 0/0. Il n'existe d'ailleurs aucune relation entre cette transformation et la précédente, et le principe de Carnot n'est plus applicable [1].

Examinons maintenant de plus près le mécanisme intime de la transformation dans ce dernier cas, en

---

[1] Il y a longtemps que l'on soupçonne le principe de Carnot de n'être pas d'une application universelle.

commençant par l'accouplement d'une machine dynamo-électrique et d'une pile.

Lorsque le courant passe, l'électro aimant et l'anneau deviennent le siège des polarités magnétiques dont les lignes polaires sont situées à angle droit : les attractions et les répulsions magnétiques provoquent le mouvement continu de l'anneau. Comme l'électro-aimant est fixe, c'est l'anneau qui tourne ; l'inverse aurait lieu si l'anneau était fixe et l'électro-aimant mobile ; enfin, s'ils étaient tous les deux libres, ils tourneraient en sens inverse. Cette action pourrait être comparée à la détente d'un fluide sous pression entre l'inducteur et l'induit, un peu comme dans les machines à vapeur rotatives ou dans les turbines.

Mais on sait qu'ici la matière pondérable n'a rien à faire ; cette poussée rotative est due au flux de force magnétique qui circule dans l'entrefer entre polarités inverses de l'électro-aimant et de l'anneau.

Or, le flux de force magnétique est constitué par des éléments magnétiques libres, par les tourbillons circulaires d'Ampère-Maxwell prolongeant dans l'éther libre les éléments similaires engagés dans le fer en filets solénoïdaux. Ce sont eux qui servent d'intermédiaire entre l'inducteur et l'induit ; en se détendant entre ces deux organes, ils communiquent à ce dernier leur propre force vive et le mettent en mouvement, *mais ils se détruisent eux-mêmes en même temps* [1].

---

[1] Le rapprochement de deux pôles magnétiques de noms contraires détermine un raccourcissement des lignes de force qui vont de l'un à l'autre et, par suite, la résorption des tourbillons

Mais alors le courant électrique, cause de l'aimantation, régénère immédiatement de nouveaux éléments magnétiques en les dotant d'une égale force vive ; ceux-ci se détruisent à leur tour en poussant l'induit, sont remplacés par d'autres, et ainsi de suite, tant que dure le passage du courant [1]. Si l'induit ne peut pas tourner, les éléments magnétiques ne se détendent plus, restent à l'état statique de ressorts tendus, et l'action unique du courant est un dégagement de chaleur, la température du circuit s'élève.

Eh bien ! ce mécanisme de communication de mouvement, nous allons le retrouver dans l'intimité des phénomènes biologiques du muscle.

En effet, nous savons que, dans le protoplasme vivant, une partie des vortex vitaux est toujours prête à entrer en action : c'est l'avant-garde. Leur destruction libère l'énergie disponible qui est la source de toutes les manifestations vitales. Mais, en même temps, la réserve protoplasmique, mettant en jeu les actions

magnétiques dont elles sont le siège ; le travail est, par conséquent, positif, car il y a libération de l'énergie mécanique des éléments supprimés. Si l'un des pôles est mobile, le travail se traduit par une augmentation de sa force vive. L'éloignement de deux pôles magnétiques de même nom a pour effet de diminuer la divergence des lignes de force qui se repoussaient et se fuyaient ; elles n'ont plus besoin d'être aussi longues, une partie de leurs mouvements élémentaires est encore ici supprimée et transformée en force motrice.

[1] Nous trouvons un exemple analogue dans la machine de Holtz fonctionnant comme réceptrice. Si un flux d'électricité à haute tension traverse son circuit, elle se met à tourner en sens inverse du mouvement qu'il faudrait lui communiquer pour engendrer le même courant. Les électricités de polarités inverses se recombinent, retournent à l'état neutre et leur énergie est communiquée au plateau sous forme de mouvement de rotation.

chimiques des matières alimentaires, sources de force vive, régénère par dédoublement de nouveaux vortex actifs, prêts à leur tour à prendre part à la lutte, comme le gros d'une armée remplace ses tirailleurs avancés, à mesure de leur disparition.

Cette destruction a pour point de départ l'aboutissement de la fibre nerveuse qui apporte l'ordre du mouvement. La force vive des vortex est alors directement communiquée à la matière pondérable. Si celle-ci avait dans la cellule une distribution quelconque, les impulsions, se croisant dans tous les sens, auraient, en définitive, une résultante nulle. Mais il n'en est rien : les molécules de la substance musculaire sont orientées d'une façon régulière, sous forme de fibrilles longitudinales ; dès lors, toutes les impulsions sont concordantes et leurs effets s'ajoutent. La striation des muscles rouges est, en outre, un perfectionnement qui permet une rapidité de mouvement plus grande encore.

Sous ces impulsions, la matière pondérable est projetée perpendiculairement à la direction des fibrilles, dont le diamètre s'accroît, mais dont la longueur diminue. La matière pondérable ne joue ici qu'un rôle passif, ce qui explique que son volume ne varie pas pendant la contraction musculaire[1]. De même l'anneau de gramme, qui doit son mouvement à la

---

[1] Les variations d'épaisseurs relatives des disques clairs et obscurs, observées dans la contraction des muscles striés, doivent être considérées comme des conséquences de l'impulsion communiquée à la matière pondérable, parmi lesquelles conséquences doivent se placer les migrations des parties fluides du protoplasme.

poussée des forces magnétiques, ne subit pas de variations de volume.

Quand le muscle se tend sans produire de travail mécanique, comme dans la contraction tétanique, les vortex continuent à se détruire pour maintenir la tension de la matière musculaire qui, sans cela, retomberait à l'état de relâchement; mais, comme leur force vive ne se communique pas à l'extérieur, elle se retrouve tout entière en chaleur, le muscle s'échauffe d'une façon exagérée [1].

Même dans les organismes unicellulaires les plus élémentaires, les infusoires, les amibes et, dans les cellules végétales, le microscope nous montre partout la masse cytoplasmique non homogène, mais bien formée de deux parties, l'une filamenteuse et trabéculaire, l'hyaloplasme, dessinant une sorte de réseau dans les mailles duquel se rassemble la seconde partie, le paraplasme, qui est essentiellement fluide [2].

Cette structure s'explique sans difficulté : l'hyaloplasme est essentiellement l'élément contractile de la cellule. Là encore les molécules sont orientées dans des directions déterminées, en rapport avec celles des filaments, et suivant lesquelles les mouvements prendront naissance.

[1] Dans le cas étudié des machines dynamo-électriques, quand l'arbre de l'anneau ne peut pas tourner, les éléments magnétiques restent à l'état statique et l'excès de chaleur provient du courant dont le travail de reproduction d'éléments magnétiques est suspendu, et non de la destruction des éléments magnétiques. Ici, comme partout ailleurs, il y a analogie, mais non identité, entre les phénomènes vitaux et les phénomènes magnétiques.

[2] Cf. J. Chatin, *La Cellule animale*, 1892, p. 47.

Quant au paraplasme, c'est par excellence la substance réparatrice qui rend possible la formation de nouveaux vortex au fur et à mesure de leur destruction. « C'est dans la sphère des actions chimiques que se déploie son activité ; essentiellement fluide, il s'y prête merveilleusement : *corpora non agunt nisi soluta*[1]. »

On sait que ce sont particulièrement les substances hydrocarbonées, sucre, graisses, dont la combustion dégage une grande quantité d'énergie, qui sont aptes à l'entretien de la puissance motrice de la cellule.

Le mouvement chez les végétaux doit évidemment avoir la même origine, étant donné que l'on retrouve toujours les mêmes mécanismes fondamentaux dans les deux règnes : les anesthésiques paralysent, du reste, le mouvement chez les végétaux comme chez les animaux.

Beaucoup de feuilles composées nous offrent même un organe moteur spécial, le renflement moteur, dont le fonctionnement rappelle le muscle. Dans l'exemple classique de la sensitive, des excitants extérieurs variés peuvent faire jouer à volonté cet organe et déterminer la fermeture des folioles et le rabattement de la feuille ; en général, chez les végétaux, la sensibilité n'atteint pas un pareil degré et les variations d'intensité d'éclairement sont seules à agir.

La Dionée attrape-mouche nous offre un autre exemple bien curieux rappelant la transmission ner-

---

[1] J. Chatin, *loc. cit.*, p. 89.

veuse : la fermeture du limbe de la feuille ne s'opère que si l'on vient à toucher un des trois poils raides qui se rencontrent sur chaque moitié du limbe.

On a invoqué, pour expliquer ces phénomènes, des migrations de liquide de cellules à cellules par voie osmotique. Il y a là pour moi une interprétation erronée : les liquides ne se transfusent pas ainsi sans cause et à la suite d'une simple excitation extérieure ; il faut qu'ils y soient poussés ; et ils le sont, à n'en pas douter, par la contraction protoplasmique. Maintenant, une fois que les liquides ont émigrés sous cette pression, ils continuent statiquement l'effet de cette contraction, alors même que cette dernière a cessé, par suite de la turgescence de certaines cellules et de l'appauvrissement en eau des cellules voisines. En définitive, on a pris ici l'effet pour la cause.

L'énergie motrice de la cellule est localisée dans le cytoplasme. Nous savons que les vortex vitaux y sont à deux états, les uns instables et prêts à la destruction, les autres plus stables et préparés pour la segmentation. Ces derniers s'acquittent, sans doute, d'une façon continue et régulière de cette fonction dans la période de vie active. Mais, pendant l'état de veille, la consommation des premiers vortex devient très considérable, et il arrive un moment où leur provision est près de s'épuiser ; de là un ralentissement des fonctions motrices, se traduisant par la fatigue d'abord, et l'impossibilité de se mouvoir plus tard. Pendant la période de repos ou de sommeil, les vortex de la première catégorie se reconstituent en grand nombre, l'énergie disponible se renouvelle et les facultés motrices se réparent. On conçoit dès lors la nécessité d'une période de repos et de réparation chez les organismes à vie intensive.

Enfin, si l'on se reporte à l'origine même des phénomènes vitaux, la production du mouvement chez les êtres vivants doit être rapprochée de ces étranges mouvements amiboïdes que manifestent les globes de feu électriques et qui leur donnent l'apparence de la vie. Le mécanisme, du reste, ne saurait être différent. La surface du globe est incontestablement le siège d'une destruction continuelle des vortex constitutionnels ; c'est là qu'est libérée l'énergie nécessaire à leur phosphorescence. Si cette destruction est plus forte, suivant une certaine direction, il en résulte un effet de réaction comparable à celui des fusées volantes ; les lueurs qu'ils laissent parfois derrière eux complètent l'analogie ; il y a encore ici communication du mouvement de l'éther à la matière pondérable engagée dans la masse du globe. Une sorte de sensibilité semble commander la direction du mouvement.

Les effets dynamiques causés par l'explosion finale ont une même origine ; mais ici il n'y a plus de coordination, c'est la mort définitive, la destruction totale et désordonnée.

Transmission nerveuse et travail nerveux.

Les nerfs et les muscles ont, chez les animaux d'organisation élevée, une structure qui ne permet pas de les confondre entre eux ; mais, chez les organismes élémentaires, les deux tissus sont formés par des cellules singulièrement voisines ; tout à fait au bas de l'échelle, la distinction ne devient plus possible, les mêmes cellules servant à la fois aux deux fins. Chez les protozoaires unicellulaires et enfin chez la cellule considérée comme unité isolée, l'hyaloplasme possède à la fois l'irritabilité et la contractilité[1]. Il n'est pas douteux que ces deux ordres de phénomènes ne reconnaissent une même cause.

Si l'on examine sur une fibre musculaire isolée l'effet d'une excitation de très courte durée, comme celle d'une décharge électrique, on voit, à partir du point excité, un bourrelet de contraction se propager sous forme d'onde jusqu'à l'extrémité de la fibre. Les premiers vortex atteints, en se disloquant ont provoqué la rupture des suivants, et ainsi de suite ; cette transmission rappelle la chute progressive d'un château de cartes, provoquée par la chute de la première carte en ligne.

Il y a tout lieu de croire que les choses ne se passent pas autrement dans les nerfs ; seulement ici ces ruptures progressives de vortex ne se traduisent pas à l'extérieur par des mouvements sensibles, à

[1] Cf. Chatin, *loc. cit.*, p. 89.

cause de la structure protoplasmique différente des cellules nerveuses.

Ainsi donc, quand un ordre de mouvement est transmis à un muscle par un nerf, celui-ci, en se contractant, ne fait que continuer le mouvement particulaire qui existait dans le nerf : la différence de structure seule du protoplasme musculaire fait que ce mouvement revêt ici une forme sensible, tangible. Quand le mouvement moléculaire nerveux cesse, la contraction cesse aussi.

La vitesse de l'agent nerveux est du même ordre que la vitesse de l'onde musculaire. Cette propagation n'a aucun rapport nécessaire, ni comme vitesse, ni comme mécanisme, avec celle du courant électrique ou de tout autre agent de translation ; elle peut, du reste, présenter des variations nombreuses suivant la distribution des éléments chargés de la transmission.

La transmission par dislocation de proche en proche des vortex vitaux instables explique l'augmentation d'intensité et l'épanouissement de cette transmission à mesure qu'elle s'éloigne du point d'origine ; les expressions usitées de transmission en *boule de neige*, en *avalanche*, trouvent ici leur explication toute naturelle. C'est la même idée que j'ai exprimée en comparant le phénomène à la chute d'un château de cartes.

Lorsque le nerf aboutit à une glande, le mouvement qu'il transmet se traduira par la dislocation des vortex sécréteurs et la libération de produits de sécrétions, avec dégagement de chaleur.

La transmission par les nerfs centripètes se fait par le même mécanisme. Les cellules périphériques sensorielles renferment un grand nombre de vortex en équilibre instable, tout prêts à se rupturer. A la moindre impulsion du dehors, ils deviennent origine de mouvement et le point de départ d'un influx nerveux qui gagne les centres nerveux. En traversant ces derniers, le mouvement primitif subit des modifications, une élaboration plus ou moins compliquée, après quoi, il continue son chemin par les nerfs centrifuges jusqu'aux muscles ou aux glandes.

Ainsi, l'impulsion provenant des organes sensoriels se propage de proche en proche dans la direction même du filet nerveux. Lorsqu'elle est arrivée à une cellule multipolaire d'un centre nerveux, la propagation, de linéaire qu'elle était d'abord, suit une marche beaucoup plus compliquée, en raison même de la distribution toute différente du protoplasme ; les intercommunications des cellules grises, assurées à l'aide de leurs prolongements, viennent encore augmenter cette complication. Mais au fond le mécanisme est toujours le même : des vortex instables sont détruits ; leur énergie libérée est employée à des combinaisons et des liaisons nouvelles, plus ou moins stables elles-mêmes, entre les vortex subsistants ; et c'est là le principe de l'incérébration. La commotion initiale se propage ensuite aux filets nerveux centrifuges et se transforme en ordre de mouvement ou de sécrétion.

L'identité du mécanisme intime de fonctionnement d'un élément musculaire et d'un élément nerveux conduit à cette conclusion que le travail musculaire et le travail nerveux sont des phénomènes du même ordre. *L'homme qui fend du bois ou casse des pierres et l'homme qui pense sont mécaniquement équivalents.* Chez le premier, c'est surtout le système musculaire qui est en jeu ; chez le second, c'est surtout le système nerveux. Je dis *surtout* et non *exclusivement ;* car il est impossible de penser sans que l'organisme tout entier n'intervienne d'une façon plus ou moins active : mouvements conscients ou inconscients, jeux de la physionomie, modifications de la circulation, etc. L'observation de ces épiphénomènes, plus ou moins faciles à saisir, est exploitée par *les liseurs de pensées.*

En principe, le travail psychique se retrouve dans toute cellule, comme le travail de la contraction. Il atteint son maximum d'intensité, à l'exclusion presque complète des autres propriétés fondamentales, dans les cellules nerveuses ; de même que le muscle possède au plus haut point le pouvoir de contractilité, avec oblitération des autres facultés. C'est la loi de la division du travail qui a provoqué la séparation des fonctions. Chez les protozoaires et les métazoaires inférieurs, toute cellule est à la fois musculaire et nerveuse.

En outre des phénomènes psychiques plus ou moins conscients ou réflexes, l'appareil nerveux est encore chargé chez les vertébrés supérieurs de maintenir la constance de la température du corps. On sait que c'est le système ganglionnaire du Grand Symphatique qui est plus particulièrement préposé à cet office et que les agents de cette équilibration thermique sont les nerfs vaso-moteurs. Ils règlent le débit des artérioles et, par conséquent, l'irrigation du sang oxygéné, comburant. Les filets nerveux sensitifs transmettent aux ganglions l'appréciation du degré de chaleur de l'organisme, et les nerfs vaso-moteurs règlent en conséquence le diamètre des artérioles. Lorsque l'on veut obtenir dans les laboratoires le même résultat, par exemple, pour maintenir une étuve à température constante, on est dans l'obligation de copier rigoureusement le mécanisme précédent en adoptant un dispositif thermométrique capable, suivant les tendances de la température à varier, d'étrangler plus ou moins complètement la canalisation du gaz servant à chauffer l'étuve.

Pour compenser le refroidissement périphérique, il faut que ce mécanisme fonctionne en tout temps. Ainsi, pendant la période de repos, les divers organes devront fonctionner quand même, et par conséquent à vide, leur fonctionnement étant nécessaire pour la production de la chaleur. C'est ainsi qu'une glande continue à sécréter sans nécessité immédiate, qu'un muscle est toujours dans un certain état de contraction ou de tonicité, que le cerveau, quoique ralenti, travaille encore, etc.

Chez les animaux à sang froid et capables de s'engourdir pendant l'hiver, ces manifestations, toujours incomparablement plus faibles, s'atténuent encore durant leur torpeur. Enfin, elles peuvent être complètement suspendues chez les êtres qui peuvent subir la dessiccation et subsister presque indéfiniment à l'état de vie latente.

En résumé, la production du mouvement et l'action nerveuse mettent en jeu quatre des propriétés fondamentales du mouvement vital : la personnalité, la segmentation, la mort et le pouvoir chimique.

Chaleur.

La production de la chaleur est une manifestation vitale universelle ; très intense chez les vertébrés supérieurs, elle est moins sensible chez les autres animaux ; elle est en rapport avec leur activité vitale et l'intensité de la fonction respiratoire. Elle peut, dans certains cas, être décelée même chez les végétaux (germination des graines, fleurs d'Aroïdes, etc.).

L'origine de la chaleur des êtres vivants se rattache à deux causes bien distinctes, à savoir : 1° la rupture des éléments vitaux, des vortex, c'est-à-dire, la *mort* ; 2° les actions chimiques exothermiques qui se rattachent *au pouvoir chimique*.

La première cause a déjà été étudiée au chapitre III de cet ouvrage. Nous avons vu que, en dehors de toute action chimique, la mort entraine un dégagement de chaleur provenant de la destruction du mouvement vital. Dans la contraction musculaire, mouvement et chaleur ont une origine identique, destruction des vortex, et il s'établit une sorte de balancement entre ces deux phénomènes, suivant la prédominance de l'un ou de l'autre.

La production de la chaleur par rupture des vortex vitaux doit être rapprochée de ce fait remarquable que les globes fulminants ne causent d'incendie qu'au moment de leur explosion, et non pendant leur course errante. Alors leur énergie interne apparaît sous forme de chaleur, tout comme dans la mort de l'être vivant.

La seconde cause de calorification est la mise en jeu du pouvoir chimique qui, lui aussi, est souvent en relation avec la destruction de vortex vitaux.

On sait que les réactions chimiques de l'organisme vivant sont de deux sortes : les unes procèdent d'une absorption d'énergie extérieure, les autres de réactions exothermiques internes.

Dans le premier cas se placent les végétaux et animaux à chlorophylle qui absorbent les radiations solaires. C'est encore le cas de la levure de bière qui provoque la dislocation exothermique du sucre et absorbe une partie de la chaleur libérée.

Le second cas est celui des êtres non chlorophylliens ; la production de la chaleur se rattache à des phénomènes rentrant dans le groupe des oxydations. Il est bon à ce sujet de dire quelques mots de cette assimilation, due à Lavoisier, de la respiration à une combustion lente. Vraie, à prendre les choses en bloc, elle cesse de l'être quand on descend dans l'étude des détails. La respiration n'est certainement pas identique à l'oxydation lente du phosphore à froid.

On admet généralement que la molécule protoplasmique, en raison de sa grande élasticité de composition et de son grand nombre d'atomicités disponibles, admet dans sa composition aussi bien l'oxygène que les produits nutritifs provenant de la digestion. Nous avons, du reste, un exemple remarquable de cette sorte de soudure temporaire dans la propriété de l'hémoglobine du sang qui sert de véhicule à l'oxygène à travers les tissus.

Plus tard, de nouveaux classements élémentaires s'opèrent dans la masse de la molécule protoplasmique et diverses substances sont éliminées, notamment la vapeur d'eau, l'acide carbonique et des résidus azotés : cette réaction est accompagnée d'un dégagement de chaleur et rappelle en cela, mais de loin, les oxydations proprement dites. La formation et la destruction du coton-poudre et autres substances analogues sont bien plutôt des phénomènes du même ordre.

On s'explique ainsi que chez l'homme il y a, pendant la nuit, excès d'oxygène fixé par rapport à l'acide carbonique produit et, pendant le jour, excès d'acide carbonique rejeté par rapport à l'oxygène absorbé ; c'est que l'oxygène n'est pas utilisé immédiatement comme corps comburant ; il s'accumule dans la molécule protoplasmique pendant la nuit et produit son effet le jour suivant.

Que la chaleur soit d'origine externe ou interne, peu importe ; dans les deux cas, elle sert à doter les vortex nouveaux de leur énergie latente et à élever la température de l'être vivant à un degré suffisant pour lui permettre d'accomplir son cycle évolutif. Chez les animaux supérieurs, elle sert à maintenir leur température invariable.

Électricité.

La production de courant ou de tensions électriques est en rapport avec l'activité vitale.

En général, ces phénomènes sont peu importants et passent inaperçus, à moins qu'on n'emploie des instruments très sensibles. Mais il est des cas où leur puissance se manifeste par des effets violents ; c'est ce qui a lieu chez les poissons électriques qui possèdent de véritables machines capables de provoquer des décharges très intenses [1].

Nous avons vu au chapitre III que la production de l'électricité est intimement liée à la mort, à la rupture des vortex vitaux, et qu'elle constitue une forme intermédiaire, passagère, de la restitution de leur énergie de vitalité.

Nous savons également que l'explosion des globes de feu est accompagnée de manifestations électriques.

Nous aurons à répéter, à propos de la production des décharges électriques chez les poissons, ce que nous avons dit concernant le fonctionnement des muscles. Ici, lorsque l'impulsion nerveuse arrive dans l'organe électrique, elle détermine également dans

---

[1] Il parait que certains individus appartenant à l'espèce humaine, notamment des enfants et des jeunes filles, auraient présenté momentanément des manifestations électriques étranges. (Cf. de Roches. *L'Extériorisation de la motricité*, p. 429. — *Les femmes électriques.*) Il semble bien que l'on soit, là encore, en présence d'anomalies de constitution rappelant l'hypnose et l'hystérie.

la lame électrique de chaque cellule une rupture des
vortex disponibles. Cette rupture provoque, au lieu de
mouvement, une dénivellation fluidique dans laquelle
la face nerveuse de la lame électrique se charge
négativement, et l'autre face positivement ; ces tensions se transmettent comme dans la pile de Volta,
chacune dans leur sens respectif jusqu'aux extrémités
de la pile de cellules, dont l'une est positive et l'autre
négative [1].

On sait que, lorsque l'animal a fourni d'une façon
presque continue un assez grand nombre de décharges électriques commandées chacune par une
impulsion nerveuse, l'organe est épuisé et l'animal
momentanément désarmé. L'explication en est bien
simple : ici, comme pour les autres phénomènes, du
reste, la manifestation électrique est empruntée à
l'énergie disponible, aux vortex prêts à se détruire.

[1] Comment se fait-il que le cerveau, d'où émane le nerf com-
mandant l'organe électrique, ne soit pas foudroyé par l'animal
lui-même? Si, en effet, à partir de la cellule du milieu d'une des
piles on prend, par paires successives, les fibres nerveuses qui
se distribuent dans les deux moitiés de cette pile, on voit que, à
mesure qu'on s'éloigne pour gagner les extrémités, ces terminai-
sons nerveuses supporteront, au moment de la décharge, des
différences de potentiel de plus en plus considérables, pouvant
atteindre plusieurs milliers de volts aux deux extrémités. Chaque
paire de fibres considérée forme avec le cerveau un court circuit ; et on peut se demander comment la décharge ne passe
pas par cette dérivation. En atteignant ainsi la masse cérébrale,
elle ne manquerait pas de paralyser le poisson lui-même, plus
efficacement encore qu'il ne le fait pour ses adversaires. Je ne vois
qu'une seule explication : c'est que ces fibres nerveuses se comportent comme des soupapes électriques, laissant passer l'ordre
nerveux, mais faisant obstacle à l'entrée du courant. En conséquence, elles doivent avoir une structure particulière.

Lorsqu'ils ont disparu, il faut un certain temps pour que leurs successeurs se trouvent rassemblés en nombre suffisant pour pouvoir les remplacer efficacement. Ici encore une période de repos s'impose.

Lumière.

Certains êtres vivants possèdent l'étrange propriété d'émettre une lumière phosphorescente. Ce phénomène se rencontre dans divers embranchements des animaux, mais plus souvent chez les animaux marins, et chez certains végétaux inférieurs.

On a d'abord cru à un phénomène de combustion directe, comparable à l'oxydation lente du phosphore. Mais les recherches modernes ont montré qu'on se trouvait en présence d'un phénomène plus complexe[1].

Le concours de deux substances est nécessaire, l'une appelée luciférine par M. le Dr Raphaël Dubois, et l'autre luciférase ; cette dernière agirait à la manière d'un ferment soluble sur la première et provoquerait son oxydation. C'est au moment de la réaction que la lumière apparaît. Les deux substances ont pu être isolées séparément et leur mélange *in vitro* provoque l'apparition de lueurs. Le mécanisme serait le même, du reste, dans tous les cas étudiés, sans exception.

Il semblerait ainsi, tout d'abord, que l'on se trouve

---

[1] Cf. Gadeau de Kerville. *Les Animaux et les Végétaux lumineux*, Bibliothèque scientifique contemporaine, 1890, pp. 268 et suivantes.

en présence d'un phénomène purement physico-chimique et indépendant de la vie. On peut toutefois se demander si cette déduction est bien légitime pour les raisons suivantes. D'abord, en dehors des substances en question extraites des êtres vivants lumineux, on ne connaît pas en chimie organique deux corps capables de produire des lueurs par le mélange de leurs dissolutions.

D'autre part, il semble bien certain que, dans des cas particuliers au moins, cette production de lumière soit voulue et qu'il y ait une finalité réelle. Chez les insectes, le but poursuivi est le rapprochement des sexes ; chez ces étranges poissons des profondeurs abyssales, où la lumière du jour ne peut pénétrer, c'est la poursuite de la proie ; en effet, ceux qui sont munis de ces fanaux ont des yeux démesurés, tandis que ceux qui en sont dépourvus sont aveugles.

Il serait donc dans le pouvoir de la matière vivante de provoquer à un moment donné l'apparition de la phosphorescence, comme il est dans son pouvoir de faire surgir, pour la défense de l'organisme, de puissants appareils électriques. S'il en est ainsi, ces exemples de luminosité seraient comme des retours ataviques, comme des réapparitions d'une propriété qui aurait été possédée par les tourbillons vitaux primitifs.

Eh bien ! n'y a-t-il pas quelque chose d'une surprenante analogie dans la course errante de ces globes électriques éclairant leur route d'une lumière froide, incapable de mettre le feu, et le vol des lucioles, des fulgores, traversant l'air avec leur lanterne phosphorescente et froide également, ou encore l'illumination des animaux marins portant dans les abimes une clarté que la basse température du milieu ne saurait éteindre. Toutes ces lumières ont un même caractère : elles sont composées de radiations froides [1].

Voici l'explication que je proposerai :

La matière vivante, par le fait de la condensation, aurait perdu d'une manière générale la propriété de luire. Cependant, dans des cas particuliers, le mouvement vital pourrait accumuler cette propriété primitive dans certaines substances chimiques, comme certains corps ont la propriété de condenser la lumière du jour.

Il n'y a aucune impossibilité, à priori, à ce que la vie, mouvement de l'éther, puisse charger, à l'état potentiel, un certain substratum d'une énergie capable de se répandre en lumière, autre mouvement de

---

[1] On admet généralement que les yeux des grands fauves émettent une sorte de luminosité dans l'obscurité la plus complète.

. On prétend également que l'homme serait capable d'émettre par toute la surface de son corps, mais surtout par les parties saillantes (tête, mains) des effluves lumineuses visibles dans des conditions particulières (effluves odiques de Reichenbach). — Cf. de Roches. *L'Extériorisation de la sensibilité*, *passim*.

Enfin, il serait également question d'un fait beaucoup plus étrange encore. Certains individus posséderaient la surprenante propriété de faire sortir de leur organisme des apparences lumineuses ressemblant à la foudre en boule. — Cf. de Roches. *L'Extériorisation de la motricité*, p. 408 et 475.

Il y a lieu d'être très circonspect à l'égard de toutes ces assertions. Si cette dernière, toutefois, venait à se confirmer, il faudrait en conclure que, dans des conditions spéciales, le mouvement vital peut faire un retour vers sa forme primordiale, de même que, dans le sang et la lymphe, on trouve des corpuscules amiboïdes rappelant les premières phases de la vie.... ?

l'éther ; il y aurait ainsi un emmagasinement latent dans la luciférine. La luciférase agirait au moment voulu pour déclancher la détente et provoquer l'émission des radiations latentes.

Ni la luciférine, ni la luciférase, par elles seules en tant que corps chimiques, ne seraient capables de déterminer le phénomène ; il faut qu'au moins l'une de ces deux substances ait reçu en dépôt la puissance vive qu'elle doit ensuite livrer au monde extérieur.

Du reste, dans les très intéressantes recherches de M. le Dr Raphaël Dubois, auxquelles j'ai assisté au laboratoire de Roscoff, en 1887, il m'a paru que ces substances, une fois isolées, perdaient assez rapidement leur pouvoir de réaction lumineuse ; on dirait le cas d'un accumulateur qui, peu à peu, se décharge spontanément.

Je signalerai, à l'appui de cette thèse, dans le monde purement physique, un phénomène qui n'est pas sans analogie. Beaucoup de corps peuvent absorber l'énergie lumineuse du soleil et la retenir à l'état latent pendant fort longtemps, exemple : le fluorure de calcium. Vient-on à chauffer cette dernière substance, la déperdition de l'énergie accumulée, qui était extrêmement lente, devient beaucoup plus rapide et bientôt la substance s'illumine d'un vif éclat phosphorescent pendant quelques instants, jusqu'à épuisement de la réserve lumineuse emmagasinée.

Dans le cas qui nous occupe, la luciférine aurait pour rôle d'accumuler l'énergie lumineuse, et la luciférase celui de précipiter son émission.

Sécrétion.

La sécrétion est une manifestation du pouvoir chimique. Toute cellule, en période de vie active, est un véritable laboratoire, une sorte d'usine de produits chimiques dans laquelle entrent constamment des matières premières, les matières assimilables, et d'où sortent sans interruption des produits fabriqués (*secreta*) et des déchets (*excreta*).

Nous avons déjà indiqué que les réactions chimiques intracellulaires débutent par une soudure des éléments nouvellement introduits, grâce aux atomicités libres et multiples de la molécule protoplasmique. Cette molécule se disloque ensuite en un nouvel élément protéique qui continue à recéler la vie et en substances organiques et minérales diverses.

Comme exemple simple, prenons la levure de bière. Elle assimile d'abord intégralement le glucose ; puis, la molécule protoplasmique se scinde ensuite, avec dégagement de chaleur, d'après l'équation suivante : protoplasme hypertrophié = protoplasme normal, mais accrû + alcool + acide carbonique + acide succinique + glycérine + etc. Le même phénomène se répétant indéfiniment, la masse de la levure s'accroît, ainsi que les produits fabriqués.

Si, au lieu de la levure, nous prenons le *bacillus amylobacter*, le phénomène est du même ordre, mais les corps sécrétés sont différents ; le sucre se transformera en majeure partie en acide lactique et acide carbonique. Quelque chose d'analogue se passe dans la cellule musculaire.

Dans l'organisme, chaque tissu, chaque organe confectionnera des produits différents, les uns organiques comme le sucre dans le foie, les autres en partie minéraux comme les cellules osseuses, ou encore la coquille des mollusques sécrétée par le manteau. D'un organisme à l'autre, les sécrétions changent également.

On distingue l'excrétion, ayant pour but l'expulsion au dehors des substances chimiques usées, inutilisables, et pouvant devenir gênantes et dangereuses, et la sécrétion proprement dite, consistant dans la fabrication de substances utiles à l'organisme.

Un des cas les plus intéressants de la sécrétion est la création de ces étranges corps se groupant auprès de la diastase de l'ordre germé, tels que les ferments solubles de l'appareil digestif, et qui sont capables de produire des transformations chimiques dont l'importance, en tant que masse du produit transformé, est absolument disproportionnée avec la masse du corps actif. Ainsi la diastase de l'orge est capable de transformer plus de 2000 fois son poids d'amidon en glucose.

Ce genre de propriété rappelle les actions de présence en chimie minérale. Ces dernières actions trouvent leur explication tantôt dans une structure physique particulière, comme la porosité de la mousse de platine, tantôt dans des combinaisons instables et momentanées.

Mais, est-ce bien à des causes de ce genre qu'il faut

rattacher le rôle des diastases? N'y aurait-il pas plutôt dans ces substances un certain pouvoir spécial communiqué par la vie? N'auraient-elles pas été investies par le mouvement vital d'une certaine force vive qui se détendrait progressivement comme celle d'un ressort tendu? La luciférine serait dans le même cas; mais elle, elle aurait reçu en dépôt une certaine quantité d'énergie lumineuse.

Ce qui permet d'ajouter créance à cette hypothèse, c'est que, d'abord, ces substances provenant des tissus vivants sont seules capables de produire de semblables réactions, et qu'ensuite diverses circonstances assez étranges suffisent pour anéantir leurs propriétés, telle qu'une élévation même peu considérable de température. En général, du reste, elles ne produisent efficacement leur effet que dans les conditions pour lesquelles elles ont été créées. « Ce sont des substances non vivantes, mais organisées, quoique solubles [1]. »

« Les ferments solubles exercent leur action, comme s'ils mettaient en œuvre une force accumulée dans une matière dont la composition chimique peut d'ailleurs être très variable — force qui doit déterminer une réaction tout à fait spécifique. L'approvisionnement de cette force se ferait pendant la vie de l'être qui sécrète le ferment, et celui-ci serait ainsi une sorte de reste de l'organisme qui lui a donné naissance [2]. »

[1] Aubert. *Histoire naturelle des êtres vivants*, t. I, p. 492.

[2] E. Bourquelot. *Les ferments solubles*, 1896 (*Encyclopédie des connaissances pratiques*, p. 216).

Il y a lieu de rattacher aux ferments solubles les sécrétions des glandes modificatrices du sang, glandes thyroïde, surrénales, testiculaires, etc., ainsi que les toxines et les antitoxines [1].

La sécrétion doit être rapprochée de la synthèse par le globe fulminant de substances chimiques plus ou moins complexes qui sont libérées par sa rupture.

[1] A. Gautier. *La nature des toxines* (*Rev. sc.* du 21 mars 1896).

CHAPITRE IX

Propriétés de la matière vivante (*suite*).

LA CELLULE ET L'ORGANISME.

Jusqu'ici nous avons relevé les propriétés générales de la matière vivante, sans faire intervenir sa structure autrement que dans la mesure du besoin. Il importe actuellement d'insister plus particulièrement sur cette structure.

On sait que toute individualité vivante élémentaire, toute cellule, se compose d'un cytoplasme périphérique et d'un noyau dont les rôles sont absolument distincts. Le premier sert, si l'on peut dire, à l'expédition des affaires courantes de la vie ; le second renferme les archives, le plan architectural de l'organisme, c'est la substance héréditaire des physiologistes [1].

Cette division de la cellule en deux parties distinctes est-elle primitive? Il est assez difficile de trancher la question. A la vérité, l'examen attentif avec les procédés modernes de coloration permet de déceler le noyau dans toute cellule vivante complète. Mais il importe de dire que tous les organismes, même les plus

[1] Hertwig. *La Cellule et les Tissus*, 1894, traduct. franç., p. 323.

élémentaires, sont très vieux de date, qu'ils ont actuellement une histoire dans le passé, des traditions ancestrales, des archives logées dans leur noyau, et que, à l'origine, il devait en être autrement.

D'autre part, il n'est pas bien certain qu'on ait pu constater une différence constante de structure ou d'aspect au centre et à la périphérie des globes électriques [1], tandis qu'il est incontestable que l'on peut établir chez eux la distinction d'une énergie immédiatement disponible et d'une énergie de réserve, diffusées dans la masse tout entière.

Il est probable qu'il a dû en être de même pour les premiers protoplasmes vivants : le noyau ne serait pas primitif, mais il se serait constitué de très bonne heure par différenciation de l'énergie de réserve; une partie centrale, protégée par la masse du protoplasme, se serait séparée et aurait concentré en elle tous les documents intéressant l'histoire et le développement de l'unité vivante. C'est ainsi que, dans toute association humaine, dans les villes naissantes en pays

[1] Il est intéressant, toutefois, de citer la fin de la relation d'une observation faite à Milan, en 1841, par le peintre Batti, et dont la première partie a été transcrite à la page 148 du chapitre VI. Il semble, d'après cette relation, qu'un commencement de différenciation en couches concentriques ait été observé dans le globe de feu électrique.

« Pour donner une idée de la grandeur de ce globe igné, de sa couleur, je ne puis que le comparer à la Lune, telle qu'on la voit se lever sur les Alpes, pendant les mois d'hiver, et par une nuit claire, c'est-à-dire, d'un jaune rougeâtre, avec quelques taches plus rouges encore. La différence est qu'on ne voyait pas des contours précis dans ce météore, comme on le voit dans la Lune, mais qu'il semblait enveloppé dans une atmosphère de lumière, dont on ne pouvait pas marquer la limite précise. »

neuf, on ne tarde pas à voir se former un petit groupe d'individualités, un bureau, une municipalité, *un noyau* enfin, plus particulièrement chargé des intérêts généraux.

Il est vrai que l'on connaît des cellules dépourvues de noyau, comme les globules rouges du sang. Mais on sait qu'ils sont incapables de se reproduire, de se segmenter ; ce sont des éléments dégradés, asservis à une tâche étroitement spécialisée, le transport de l'oxygène, et impropres à aucune autre fonction : ce sont des esclaves atrophiés.

Rôle du cytoplasme. — Le cytoplasme est le siège de tous les phénomènes immédiatement caractéristiques de la vie. C'est en lui que résident l'énergie disponible et l'énergie de réserve, abstraction faite de l'énergie du noyau. Dans sa structure la moins différenciée, il offre un réseau contractile et sensible d'hyaloplasme rayonnant autour du centrosome, avec interposition de paraplasme fluide.

Mais cette structure primitive est susceptible d'adaptations variées. Signalons dans le règne animal la distribution en fibres lisses ou striées de la substance des muscles, l'étirement en longs filaments des cellules des nerfs, les ramifications multipolaires des cellules des ganglions, etc. Malgré ces différences, toutes les cellules sont des unités équivalentes, issues d'un même élément primordial, l'œuf ; la loi de la division du travail est seule cause des différenciations ultérieures.

Dans certaines cellules, notamment chez les végétaux, nous voyons apparaître sur divers points du massif cytoplasmique de véritables petits laboratoires distincts, connus sous le nom de leucites ; un de leurs produits les plus importants est l'amidon ; les chloroleucites fabriquent de la chlorophylle, les chromoleucites des pigments colorés, etc. Les granulations des cellules glandulaires des animaux ont une signification analogue.

Rôle du noyau. — Passons maintenant au rôle du noyau. Il ressemble au premier abord à une cellule plus petite emboîtée dans la première. Nous savons qu'il possède une énergie spéciale dont la dissipation caractérise irrévocablement la mort de la cellule. Il a son budget à part ; dépensant peu, du reste, son rôle est celui de contrôle et d'organisation. C'est une unité d'ordre supérieur, une sorte d'aréopage formé d'archivistes et d'ingénieurs, tandis que les éléments du cytoplasme sont les ouvriers, les manœuvres qui lui obéissent servilement.

Abandonnés à eux-mêmes, ces derniers sont incapables de reconstituer une collectivité durable ; c'est ce qui résulte, sans conteste, de l'étude de la fragmentation ou mérotomie des cellules. Les parties détachées, privées de noyau, continuent à vivre pendant un certain temps, mais sont dans l'impossibilité de réparer leurs blessures : leur cytoplasme peut être comparé à une assemblée de maçons, habiles à construire une muraille, mais incapables de concevoir le plan d'ensemble d'une maison. Au contraire, le morceau cellulaire qui a conservé son noyau peut cicatriser la déchirure du sac cellulaire, réparer ses pertes et revenir à l'état normal [1].

Mais alors le noyau prend une part des plus actives à l'acte de reconstitution ; dans le groupe d'algues du genre *Vaucheria*, il prolifère de nombreux petits noyaux qui vont se mêler au cytoplasme accumulé sur le point blessé et président à sa restauration : ce sont comme des contremaîtres détachés, qui vont ordonnancer le travail [2].

Du reste, toutes les fois qu'une suractivité règne en un point déterminé de la cellule, on est sûr de trouver dans le voisinage immédiat soit le noyau lui-même, soit des noyaux secondaires issus de sa masse, soit encore de nombreux prolongements délicats de la matière nucléaire [3]. Ce dernier cas est particulière-ment intéressant : il semble que le noyau *fuse* dans la masse du cytoplasme. Il est probable qu'il envoie en mission un certain nombre de vortex documentaires qui se fusionnent avec les vortex cytoplasmiques et leur communiquent momentanément des pouvoirs dont ils étaient dépourvus auparavant. Le premier rôle du noyau est donc de veiller à l'intégrité et au bon fonctionnement du microcosme cellulaire : c'est un rôle trophique.

Avant d'abandonner ce premier rôle du noyau, insistons sur la division de son énergie spécifique en deux parts, comme nous l'avons reconnu antérieure-

---

[1] Hertwig, *loc. cit.*, p. 310. — Delage. *La Structure du Proto-plasma*, pp. 84 et 318.

[2] Hertwig, *loc. cit.*, p. 307.

[3] *Ibid.*, pp. 304 à 309.

ment pour le cytoplasme cellulaire ; le noyau, étant comme une cellule dans une autre cellule, se comporte de même que la cellule enveloppe.

Il n'est pas douteux que les éléments essentiels de la substance nucléaire ne soient représentés dans le noyau en un grand nombre d'exemplaires [1]. Un certain groupe de ces éléments est à chaque instant tout prêt à se diffuser dans le cytoplasme ambiant : c'est l'énergie disponible du noyau. Le reste des éléments nucléaires constitue la réserve, l'énergie de réserve : c'est là que se fait la segmentation, la reproduction des éléments destinés à l'immigration dans le cytoplasme. Nous retrouvons ainsi la dualité de l'énergie.

Le second rôle du noyau se manifeste dans la division cellulaire. Il ne rentre pas dans mon cadre de décrire par le menu le cérémonial compliqué qui préside à cette segmentation ; on sait que, le plus souvent, elle s'opère par le mécanisme de la karyokinèse, et je renvoie à ce sujet aux traités spéciaux [2].

Je me contenterai de rappeler que le noyau est essentiellement constitué par un élément figuré appelé filament chromatique, à cause de l'aptitude qu'ont les granulations de son protoplasme de fixer certains réactifs colorés, et d'un liquide clair rappelant le paraplasme et renfermant des matériaux nutritifs ou nucléoles.

C'est incontestablement dans le filament chromatique que sont renfermés le plan et l'historique de

---

[1] Hertwig, *loc. cit.*, p. 333.

[2] *Ibid.*, p. 168. — *Les divers traités d'Histoire naturelle.*

l'organisme, et cela à un grand nombre d'exemplaires, comme nous l'avons déjà dit, afin de pouvoir faire face, sans péril pour les archives, à des émissions fréquentes de documents dans la masse cytoplasmique. Sa segmentation même que nous allons retrouver, simple dans la division cellulaire et multiple avant la reproduction par sexualité, en est une autre preuve.

Au moment de la division cellulaire, cette sorte de bibliothèque se segmente en deux parties exactement égales, par suite du dédoublement du filament dans toute sa longueur. Chaque moitié va servir à former l'un des deux nouveaux noyaux, autour desquels se grouperont respectivement les deux moitiés du cytoplasme. Les deux nouvelles cellules, ainsi formées, sont jumelles ; l'une n'est pas l'aînée de l'autre ; elles sont rigoureusement identiques ; leurs pouvoirs sont exactement les mêmes ; leurs traditions, leurs tendances le sont également.

Chez les êtres unicellulaires, elles se séparent et vont chacune vivre d'une existence indépendante. Dans les organismes multicellulaires, elles restent unies et ne tardent pas, en obéissant à la loi de la division du travail, à se différencier en tissus et organes distincts.

L'organisme multicellulaire. — Il s'agit dès lors d'expliquer ce fait embarrassant, à savoir, que des éléments absolument identiques au début peuvent revêtir finalement des formes très différentes et constituer des organes extrêmement variés. Malgré les critiques qu'on lui a adressées, je me range à *la théorie* *de l'influence de la position dans l'organisme* et, pour compléter ma pensée, je ne trouve rien de mieux que d'emprunter une comparaison à la géométrie analytique.

Si l'on considère une relation $f(x, y, z) = 0$, représentative d'une surface, et si l'on donne successivement aux variables x, y, z, toutes les valeurs possibles, on constate que, en des points différents, la surface présente une forme et des propriétés différentes, par exemple, une nappe indéfinie, un point saillant, une gorge, etc., et cependant un point quelconque (x, y, z) de la surface obéit toujours à la relation fondamentale $f(x, y, z) = 0$. C'est toujours la même propriété immanente, toujours identique à elle-même, mais se manifestant sous des aspects divers suivant la position du point considéré.

Quelque chose de comparable se rencontre chez les êtres vivants : suivant les positions qu'elles occupent, les cellules, quoique renfermant le même plan architectural, revêtiront des formes différentes, les formes musculaire, nerveuse, secrétoire, reproductrice, etc.

Chaque cellule représentant ainsi l'élément *différentiel* dont l'organisme tout entier est *l'intégral*, on s'explique comment une seule cellule, l'œuf, soit capable de reproduire cet organisme. A plus forte raison, est-il facile d'expliquer comment une fraction d'organisme puisse restaurer la totalité : c'est ce que nous voyons journellement chez les végétaux dans le mécanisme de la reproduction agame, dans la reproduction parthénogénétique des invertébrés, etc. De même un bras d'étoile de mer peut régénérer les

quatre autres branches ; les larves de batraciens
reforment des membres amputés, les lézards leur
queue ; des lésions organiques peuvent être réparées
par les tissus voisins restés sains ; les plaies peuvent
se cicatriser, etc.

Dans ces divers cas de mutilation, il se forme des
bourgeons cellulaires qui réparent la partie atteinte
ou reconstituent l'organe détruit. Cette propriété de
bourgeonner est d'autant plus active que les tissus
présentent un degré d'adaptation moindre et que leurs
éléments se rapprochent davantage de la forme primitive, de l'œuf. C'est ainsi que les cellules lymphatiques, qui revêtent souvent la forme amiboïde primitive, semblent être particulièrement désignées à
jouer un rôle prépondérant dans ces régénérations
organiques.

Mais, dans certains cas, la lésion peut provoquer
dans ces mêmes cellules une sorte de perversion du
sens géométrique; elles perdent, pour ainsi dire leur
orientation et se mettent en devoir de reconstituer un
organe qui dès lors ne sera pas en place. C'est ainsi
qu'à l'intérieur de kystes provoqués par des causes
diverses plus ou moins lointaines, choc, contusion,
blessures, etc , il n'est pas rare que le chirurgien dé-
couvre, non sans étonnement, un organe inattendu,
une dent, des cheveux, des poils, un ongle, un frag-
ment quelconque de l'organisme.

Dans des circonstances infiniment plus rares, le
bourgeon de reconstitution, reprenant une liberté
d'allure complète, reproduira l'être tout entier par voie
de parthénogenèse. Tel est le cas extrêmement inté-

ressant qui a été signalé tout dernièrement à Prague[1].
Un jeune homme, du nom de Guérin, ayant reçu, étant
au bain, une contusion à la partie supérieure du
ventre, vit se produire une enflure qui grossit peu à
peu. Deux ans après, elle avait le volume de la tête
d'un enfant. Une opération fut jugée nécessaire et
exécutée par les docteurs Mayde et Sanger, de Prague.
La tumeur était située sous le péritoine, non loin du
foie, entre les feuillets mésentériques ; elle contenait
en abondance un liquide jaunâtre de consistance gélatineuse, au milieu duquel se trouvait développé dans
toutes ses parties, mais avec tous les caractères des
phénomènes tératologiques, un fœtus du sexe féminin
de la grandeur. d'un fœtus de cinq mois.

Malgré l'opération, le jeune homme ne tarda pas à
mourir.

On a beaucoup disserté pour savoir quelle était la
signification morphologique de cette étrange prolifération. On a mis en avant la théorie du plasma germinatif et la possibilité de l'inclusion dans l'organisme
du jeune homme d'un ovule fécondé, mais non développé, et qui subitement, à un moment donné, aurait
suivi son développement normal.

Cela me paraît absolument invraisemblable et, en
particulier, il serait bien étrange que le choc eût été
dirigé juste là où se trouvait l'ovule enclavé.

La théorie du plasma germinatif[2], d'après laquelle
une certaine partie du plasma de l'œuf se transmet-

---

[1] Voir *Le Naturaliste*, Revue illustrée des Sciences Naturelles,
du 15 juin 1896, 18ᵉ année, 2ᵉ série, p. 139.

[2] Delage. *Structure du protoplasma*, p. 176 et 349.

trait intacte de génération en génération et servirait à la reproduction, me paraît être une interprétation erronée des faits observés. En réalité, dans le développement de l'œuf, une certaine masse de cellules reste comme résidu non différencié ; c'est ce résidu qui n'a pas reçu de fonctions définies qui servira à la prolifération des cellules sexuelles. Cela revient à dire que toute cellule non différenciée, qui n'a pas reçu d'appropriation particulière, qui n'est pas encore « fatiguée par le travail de vivre », peut servir à la reproduction [1]. En particulier, les bourgeons cellulaires de réparation présentent ces conditions mêmes. Ne voit-on pas souvent chez les végétaux les racines, qui généralement sont impropres à la reproduction, donner naissance, lorsqu'elles ont été blessées, à un tissu cicatriciel au milieu duquel apparaît un bourgeon adventif et, plus tard, une tige aérienne ? En définitive, un nouvel être vivant prend naissance au milieu d'un tissu de nouvelle formation. On a pu d'ailleurs reproduire certains végétaux avec n'importe quelle partie de leur organisme ; il n'est pas rare de voir

[1] La localisation des fonctions de reproduction dans un certain massif cellulaire chez les êtres supérieurs, qui sont des colonies cellulaires, doit être rapprochée de la localisation des mêmes fonctions chez un petit nombre d'individus ou même chez un seul dans certaines associations animales formées d'un grand nombre d'individus distincts, par exemple, chez les abeilles, les termites. C'est là un effet de la division du travail.

En réalité, chaque abeille, chaque termite possède en puissance la fonction reproductrice ; mais cette fonction s'est oblitérée à la suite du développement exagéré des autres attributions de l'organisme (ouvriers, combattants). La reine, qui ne partage aucun des travaux de la colonie, les mâles, qui n'ont qu'une existence éphémère, possèdent seuls le privilège de la reproduction.

s'enraciner des feuilles (fougères, bégonias, carda-
mines, etc.), et même, plus rarement, des parties de
la fleur.

En réalité, le jeune homme dont il est question
était le père par parthénogenèse anomale et non le
frère du fœtus.

La tératologie tout entière, avec son cortège de monstruosités plus ou moins compliquées, est encore une
manifestation de la perversion du sens géométrique.
Du reste, la tératologie expérimentale s'étudie en
plaçant le développement de l'embryon dans des conditions anormales [1].

Cette perversion qui tend à désagréger l'unité organique peut porter sur le système nerveux central ;
elle constitue alors la folie. Comme dans ce cas la
perversion se réduit à un groupement anormal des
vortex élémentaires dans les cellules cérébrales, la
matière organisée ne porte généralement aucun stig-
mate, et il n'est dès lors pas étonnant que l'examen
micrographique ne fournisse, le plus souvent, aucun
renseignement.

On a souvent comparé, et non sans raison, les
grands corps sociaux à l'organisation des êtres
vivants. Les corps sociaux ont, eux aussi, leur patho-
logie, leur tératologie ; la perversion du sentiment
d'union, qui doit exister entre tous les citoyens d'un
même pays, fait naître la tendance à l'autonomie ou à
l'anarchie, sorte de chancres sociaux qu'il importe de
réséquer au plus vite.

[1] Cf. Dareste. *Recherches sur la production artificielle des
monstruosités.* — Reinwald, Paris.

Cette comparaison va encore nous permettre de nous faire une idée plus nette sur l'interprétation qu'il faut donner du sens géométrique dans l'organisme.

Une cellule quelconque est une personnalité : elle possède une intelligence, une conscience, une mémoire élémentaires. Dans une armée, la cellule c'est le soldat, le sens géométrique c'est la discipline. Dans une armée bien disciplinée, chacun fait son service consciemment, naturellement, sans contrainte, parce que chacun comprend qu'il ne saurait en être autrement. Le simple soldat n'a pas besoin de savoir ce que combine son général, mais il comprend cependant qu'il coopère avec lui à une œuvre commune et il suffit qu'il s'acquitte intelligemment de la petite portion de cette œuvre qui lui est confiée. Une armée est une sorte d'unité d'ordre supérieur formée d'unités primitivement toutes identiques, mais différenciées, hiérarchisées par la division du travail ; toutes sont conscientes et comprennent l'importance et l'étendue de leur rôle respectif ; le lien commun, c'est la discipline, c'est l'esprit de corps, c'est la tradition.

Il n'en est pas autrement dans l'organisme vivant.

Cette conscience cellulaire obscure, peu facile à analyser, mais coordonnée et hiérarchisée en vue de la conservation de l'individu, c'est ce que les philosophes ont appelé l'*inconscient*. Si l'on fait la sommation de tous les actes regardés par tout le monde comme conscients, et d'autre part la sommation de tous les actes ou phénomènes biologiques dits inconscients, il n'est pas douteux que ces derniers ne soient en immense majorité. Ce sont eux qui impriment le *facies* particulier à chaque individu, aussi bien au point de vue intellectuel qu'au point de vue physique. L'inconscient absolu n'existe pas ; il y a une conscience cellulaire !

L'Évolution.

Étant donné que la vie est un mouvement de l'éther, et que, en conséquence, ses manifestations rentrent dans le domaine de la mécanique générale, il est parfaitement certain, à priori, que des lois mathématiques président au développement des êtres vivants. Il y a certainement une relation d'ordre mathématique qui relie entre eux tous les éléments dont ils se composent. En poursuivant l'analogie empruntée à la géométrie analytique, je représenterai cette relation par l'expression :

$$f\,(x, y, z, \alpha, \beta, \gamma\ldots, t) = 0.$$

C'est ce que j'appellerai *la fonction organisatrice*. Sa forme dépend essentiellement du mode du mouvement de l'éther dans les vortex élémentaires ; elle est constante pour un même embranchement. Cette forme délimite un groupe d'êtres qui, malgré les variations les plus étendues, resteront fatalement enfermés dans un cadre déterminé.

Les quantités α, β, γ... sont des constantes que j'appellerai *les paramètres d'évolution ;* ces paramètres sont en rapport avec les groupements secondaires que peuvent contracter entre eux les vortex élémentaires ; t est le temps qui sera compté depuis l'origine de l'individualité jusqu'à l'époque ultime de sa mort.

En faisant varier les coordonnées x, y, z, on aura les diverses adaptations de formes de l'élément vivant dans la masse du même organisme ; en faisant varier le temps, on aura la série des transformations depuis l'œuf jusqu'à la mort.

A l'origine, la valeur des paramètres d'évolution était indéterminée, ce qui revient à dire qu'il n'y avait pas de groupement secondaire des vortex élémentaires, ou tout au moins qu'ils étaient extrêmement simples ; l'être vivant avait la forme la plus simple possible, celle qui se rapproche le plus du globe électrique, la forme amiboïde. Mais, plus tard, des groupements variés se sont établis successivement et les paramètres ont pris des valeurs de plus en plus étroitement déterminées ; il en est résulté des êtres de plus en plus variés et, en même temps, les subdivisions des embranchements.

Ces nouveaux groupements des vortex ont dû s'opérer suivant des lois géométriques, en sorte que les variations de α, β, γ... n'ont pas été absolument quelconques. En effet, elles doivent d'abord satisfaire à une première relation nécessaire, obtenue en différenciant la fonction f :

$$\frac{df}{d\alpha}\,d\alpha + \frac{df}{d\beta}\,d\beta + \frac{df}{d\gamma}\,d\gamma + \ldots = 0.$$

La signification de cette relation est que les variations devront être compatibles avec la modalité de mouvement des vortex élémentaires. Cela revient encore à dire que la variation d'un des paramètres entraine celle des autres dans une certaine mesure, ce qui est conforme à l'observation.

C'est ainsi qu'une modification importante, par exemple, dans la racine, ou la tige, ou la feuille d'un végétal, retentit sur son organisme tout entier, que les modifications du système dentaire chez les animaux sont en corrélation avec des changements de structure et d'adaptation. C'est même là le critérium des bonnes espèces : un caractère insolite, lorsqu'il est unique, ne peut être qu'accidentel et ne saurait être spécifique.

En outre, à chaque stade évolutif que traverse le type organique, une relation mathématique nouvelle s'établit entre les paramètres d'évolution ; cette relation consigne le progrès accompli, mais limite en même temps le champ évolutif ultérieur. L'évolution est généralement progressive, le type organique allant constamment en se compliquant et les relations de liaison entre les paramètres se multipliant parallèlement. La régression se rencontre parfois, mais le retour en arrière se fait par un autre chemin que la première voie progressive ; de plus, dans la phase embryonnaire, l'être s'élève pour redescendre ensuite ; autant dire que c'est une simplification obtenue par superaddition de complications. Les paramètres évolutifs ne repassent pas par les relations déjà rencontrées. Dans l'un comme dans l'autre cas, le nombre de liaisons va constamment en augmentant.

Nous pouvons représenter ses liaisons par un certain nombre d'équations de la forme :

$$\varphi_1 (\alpha, \beta, \gamma, \dots\dots\dots\dots\dots) = 0$$
$$\varphi_2 (\alpha, \beta, \gamma, \dots\dots\dots\dots\dots) = 0$$
$$\varphi_3 \dots\dots\dots\dots\dots\dots\dots\dots = 0$$
$$\dots\dots\dots\dots\dots\dots\dots\dots\dots$$
$$\dots\dots\dots\dots\dots\dots\dots\dots$$
$$\varphi_n \dots\dots\dots\dots\dots\dots\dots\dots = 0$$

Le nombre de ces relations allant incessamment en croissant, la faculté évolutive doit, en conséquence, aller constamment en diminuant. On peut concevoir même le cas où le nombre des relations serait égal à celui des paramètres et, par conséquent, ceux-ci seraient tous immobilisés dans leurs valeurs dernières. Dès lors, l'espèce immobilisée, inévoluable, est en danger de disparaître ; car, ne pouvant plus se plier aux exigences changeantes du milieu, elle se trouve mise en infériorité et ne peut plus supporter la lutte pour la vie. Ce sera particulièrement le cas des êtres les plus profondément différenciés, les plus raffinés, si l'on peut dire, les plus étroitement adaptés, et qui auront épuisé toutes leurs facultés évolutives dans des raffinements de détails. Cette conclusion est bien conforme aux enseignements de la paléontologie.

Comme l'a fait remarquer très judicieusement M. Albert Gaudry, ce ne sont pas les êtres les mieux armés dans le combat pour la vie, dans le *strugle for life*, qui persistent le plus longtemps. On peut les comparer à ces chevaliers du moyen âge tout bardés de fer, qui ressemblaient à des forteresses inexpugnables et semblaient destinés à tout pourfendre ; il a suffi d'une légère modification dans la manière de se battre pour les coucher dans la poussière et faire disparaître à jamais leur institution. Ces monstrueux bateaux de guerre modernes nous ont fourni des exemples du même genre ; tel, que l'on avait cherché et surchargé d'engins de toutes sortes, de tous les perfectionnements possibles et imaginables dans l'idée de le rendre invincible, est incapable de tenir la mer le premier jour qu'on le mène au large.

Une évolution trop adaptative, trop étroitement aiguillée dans une voie spéciale, dans laquelle la réserve de puissance vitale se sera usée dans des détails et des minuties, sera toujours fatale à un moment donné à ceux qui en sont les représentants.

Les adversaires du transformisme nous jettent souvent cet argument : « Vous ne pouvez pas faire évoluer expérimentalement une espèce. »

D'abord cela n'est pas exact, et Darwin s'est chargé de relever un grand nombre de cas non douteux de transformations obtenues par l'homme. Mais il y a un autre point à mettre en lumière : c'est que la Terre est vieille, ses habitants aussi, et que la majeure partie de l'évolution totale possible appartient déjà au passé. Ce qui reste de faculté évolutive aux espèces actuelles est sans doute fort restreint, et il n'est point facile de le mettre en jeu. Il y a cependant des groupes qui paraissent encore doués d'une assez grande élasticité organisatrice, et, pour prendre un exemple dans la Botanique d'Europe, je signalerai les genres *Rosa, Rubus, Hieracium, Mentha*, etc., dont les formes multiples embarrassent fort les classificateurs.

Mais ce n'est pas tout ; il importe, en outre, de signaler un fait d'une grande importance, c'est ceci : les variations qui ont donné naissance, dans le passé, aux grandes subdivisions des embranchements ont été du même ordre de grandeur que celles qui différencient actuellement les races dont nous pouvons provoquer artificiellement la formation. En d'autres termes, les souches ancestrales, les stirpes, dont sont sorties les classes, les tribus, les familles, etc., ne différaient pas plus entre elles au début que ne diffèrent actuellement les diverses races de chiens, de chats, de chevaux, de bœufs, etc., que nous tenons en domesticité, ou les diverses races de céréales ou de légumes de nos cultures.

C'est par une accentuation progressive de différences d'abord faibles que l'écart est devenu de plus en plus considérable ; mais c'est aussi et surtout l'époque phylogénétique du commencement de la divergence qui a été le facteur de premier ordre ; plus on remonte dans le passé et plus des divergences d'aspect insignifiant pour le moment d'alors ont eu, dans l'avenir, une importance considérable.

Pour fixer les idées à ce sujet, je prendrai la comparaison suivante. Je supposerai un voyageur se présentant à une tête de ligne d'une grande compagnie de chemins de fer, en vue d'une destination éloignée. Au sortir même de la gare, son train subira un premier aiguillage dont l'importance est extrême, car, s'il est mal fait, le voyageur, au lieu d'aller dans l'Ouest, je suppose, s'en ira dans le Midi. Un peu plus loin, seconde aiguille pour laquelle une erreur serait moins grave, car l'écart ne porterait que sur deux départements seulement ; puis, troisième aiguillage qui porte seulement sur la direction de deux cantons du même département ; et ainsi de suite, la direction du train se rapprochant de plus en plus de la destination définitive.

Or, ces divers aiguillages d'importance très inégale ont été exécutés exactement de la même façon par le déplacement de quelques centimètres d'une lame de fer taillée en biseau ; et, cependant, ils ne sont pas comparables par leurs conséquences, parce qu'ils ont été effectués à des points différents de l'espace et du temps, et uniquement à cause de cela.

Actuellement, nous ne sommes plus en tête de ligne, mais en terminaison de ligne, et c'est pour cela que la variabilité ne produit plus guère de nouveauté ; mais, au fond, les procédés ont toujours été les mêmes : rien n'est nouveau en biologie.

Toutefois, si nous supposons que notre voyageur se décide à revenir sur ses pas, soit par la même route, soit par un circuit voisin, il repassera successivement sur des tronçons de ligne d'importance croissante. On peut rapprocher de cette pérégrination à rebours l'apparition de formes organiques nouvelles et parfois d'un intérêt considérable, dues à la rétrogression ; c'est ainsi que sont apparus les types des mollusques acéphales par régression de types plus élevés, munis de têtes bien distinctes, et qu'aux grandes cryptogames houillères ont succédé des formes amoindries, mais différentes, etc.

Il est possible que le refroidissement progressif de

notre planète détermine successivement pour chaque groupe organique cette sorte de marche à reculons. Peut-être, l'espèce humaine elle-même, après avoir atteint son apogée, tombera-t-elle, à son tour, dans l'abâtardissement avant de disparaître d'une façon définitive.

L'unité dans l'organisme.

Reprenons notre point de départ, l'être élémentaire, unicellulaire : toutes les fonctions vitales sont réunies en lui, nutrition, reproduction, sensibilité, mouvement. En nous élevant un peu, nous trouvons des organismes formés de cellules à peine modifiées ; mais, cependant, la vie sociale apparaît déjà très nette, alors que le système nerveux n'existe pas encore ; tel est le cas des hydres, des actinies, ou encore de la sensitive, de la dionée, chez lesquels nous voyons des mouvements d'ensemble parfaitement coordonnés et provenant uniquement de communications de cellules à cellules. Une personnalité supérieure issue du fusionnement des personnalités élémentaires des cellules se dégage déjà de l'organisme, de même que la personnalité cellulaire résultait de la synergie des vortex élémentaires.

Chez les organismes plus élevés, des groupes disséminés de cellules vont avoir pour mission d'établir des relations plus intimes entre les éléments cellulaires. Indistinctes d'abord des voisines, ces cellules vont progressivement se différencier en éléments nerveux, fibres et cellules multipolaires. La personnalité orga-

nique s'accuse plus puissamment. Puis, progressivement, la division de la sensibilité et de la volonté
s'accentue ; les sens, d'abord vagues et diffus, se loca-
lisent et se perfectionnent, les centres nerveux se
créent et servent d'intermédiaires entre les excitations
venues de l'extérieur et les réactions qu'elles déterminent.

Grâce à ce système de communication facile, qui
n'est pas sans analogie avec les procédés de la presse
quotidienne dans nos sociétés modernes, une quelconque des cellules de l'organisme ressent le contre-
coup de tout événement dans lequel l'être vivant se
trouve engagé.

En particulier, les cellules reproductrices reçoivent,
comme toutes les autres, les nouvelles du jour, si l'on
peut dire. Si ces nouvelles n'ont qu'une importance
secondaire, elles passeront inaperçues et inutilisées ;
mais il n'en sera plus de même si l'existence de l'organisme est intéressée à la question, car alors l'événement sera consigné dans les archives du noyau et,
par conséquent, passera dans celles de la postérité.
Celle-ci en tiendra nécessairement compte dans son
évolution organique et la descendance sera légèrement
modifiée par rapport aux ancêtres : c'est le mécanisme
même de l'évolution.

Une modification organique, une acquisition ne
devient héréditaire qu'autant qu'elle a pu être acceptée dans les archives du noyau cellulaire.

La reproduction.

Nous sommes ainsi amenés à nous occuper de la reproduction. Elle s'opère, comme on le sait, tantôt par la voie agame, tantôt par l'intervention de la sexualité.

La reproduction par métagenèse, ou voie asexuée, n'est qu'un cas particulier de la division cellulaire ; une cellule ou une colonie cellulaire, au lieu de rester attachée au massif qui l'a engendrée, se détache, va mener une vie indépendante et reproduire l'organisme en entier. Il n'y a rien là que de très conforme à ce que nous avons vu précédemment ; ce mode de reproduction est très général, surtout chez les êtres inférieurs, et persiste parfois seul pendant fort longtemps ; mais le plus souvent il alterne avec la voie sexuée.

Abordons maintenant la reproduction par sexualité. Elle a pour point de départ une propriété primitive existant déjà dans les globes électriques : le fusionnement.

Pris en lui-même et en principe, ce phénomène n'offre certainement pas le caractère d'un acte de reproduction et va plutôt à l'encontre de ce but, puisque deux unités se résolvent en une seule. De fait, il existe de nombreux cas de résorption par fusionnement cellulaire qui ne sont pas suivis de créations nouvelles. Signalons, comme exemple, la réduction du nombre des cellules dans le sac embryonnaire des végétaux pour la formation du noyau primitif de l'albumen, la résorption d'organes devenus inutiles dans les métamorphoses des animaux, la disparition d'organes temporaires dans le développement embryogénique, etc. En un mot, c'est la propriété inverse, la réciproque de la division cellulaire.

Tant que le fusionnement s'opère entre éléments du même organisme, entre cellules ayant la même fonction organisatrice, le résultat est tout simplement une réduction. Mais il n'en est plus de même si les deux éléments qui se fusionnent ne sont pas absolument identiques, si les paramètres de la fonction organisatrice ont subi de petites variations.

L'expérience montre qu'un semblable fusionnement est immédiatement suivi d'une surexcitation considérable de la faculté de segmentation et, par conséquent, d'une active prolifération cellulaire. La raison d'une pareille manifestation ne se voit pas immédiatement ; il n'est pas douteux qu'elle ne soit en relation avec les conditions d'équilibre d'un système de mouvements tourbillonnaires. Dans le chapitre suivant, nous essaierons d'en donner une explication d'ordre physique.

Quoi qu'il en soit pour le moment, nous devons constater l'extrême importance de cette faculté pour la conservation de la vie à la surface du globe. Elle est utilisée par la Nature de deux façons essentielles que nous allons passer en revue.

1° Cas des infusoires [1].

Après s'être reproduit un grand nombre de fois

---

[1] Hertwig, *loc. cit.*, p. 248.

(environ 120 fois) par segmentation, il semble que l'infusoire ait épuisé cette faculté, et la conjugaison s'impose pour lui ; il se trouve devant cette sorte de dilemme : la conjugaison ou la mort. Alors s'établit la copulation de deux individus de la même espèce. Après un cérémonial assez compliqué, en définitive les deux organismes échangent la moitié de leur substance nucléaire active ; ils se séparent ensuite rajeunis, et se livrent immédiatement à la reproduction par segmentation jusqu'à concurrence du même nombre de fois ; la propriété qu'ils avaient perdue leur a été ainsi restituée.

Ces organismes échappent à la mort par vétusté, s'ils peuvent à temps se rajeunir par la conjugaison. Un pareil fait n'est possible que chez des êtres unicellulaires, les protozoaires et les algues inférieures.

Pour expliquer cette alternance des périodes de segmentation et de conjugaison, il faut admettre que, en principe, toutes les tendances fondamentales du vortex vital demandent à être satisfaites en même temps ; mais, suivant les circonstances, telle ou telle se trouve particulièrement favorisée et l'emporte sur les autres. Lorsque la faculté de segmentation se met à baisser, la faculté de fusionnement se montre plus exigente et commande en maîtresse.

2° Cas des organismes multicellulaires [1].

Deux cellules appartenant à deux individus distincts de la même espèce, ou même à deux parties distinctes d'un même individu, se fusionnent en une

---

[1] Hertwig, *loc. cit.*, p. 240.

seule : il en résulte un nouvel élément doué d'une activité beaucoup plus grande que les parents et qui tend immédiatement à s'en séparer et à vivre d'une vie indépendante : c'est l'œuf fécondé. Le mécanisme de ce fusionnement rappelle en tout, mais en sens inverse, celui de la segmentation. L'œuf, placé dans des conditions favorables, se segmente très rapidement et reproduit l'être vivant.

Les deux cellules, d'abord quelconques chez les êtres très inférieurs, sont plus tard choisies et dirigées vers ce but particulier, quand l'organisme se perfectionne : alors se dessinent les appareils sexuels et les sexes.

On s'est demandé si, dans l'esprit de la Nature, il existait un élément mâle distinct et un élément femelle distinct, dont la réunion serait nécessaire pour former l'œuf. A priori, la chose est peu vraisemblable. Il suffit, en effet, pour que la segmentation consécutive au fusionnement s'opère, que les deux cellules fusionnées, provenant de deux individus distincts de la même espèce ou même d'un seul (autofécondation des végétaux), présentent une très légère différenciation. La plus minime différence d'origine est suffisante et on ne saurait reconnaitre aucun autre caractère distinctif. Toutes les recherches récentes ne laissent aucun doute à ce sujet, et l'expérimentation elle-même vient confirmer cette manière de voir[1] :

« Il n'existe ni substance fécondante spécifique-

---

[1] Hertwig, *loc. cit.*, p. 277 et suiv.

ment femelle, ni substance fécondante spécifiquement mâle [1]. »

Les deux cellules ont une même valeur ontologique; seulement, comme il est de règle dans la pratique de la fécondation que l'une des cellules se déverse dans l'autre et que cette dernière soit chargée de la protection de l'œuf et de sa nutrition, il en résulte une inégalité, née secondairement, dans le rôle des deux éléments reproducteurs. D'où la distinction de l'élément mâle très petit, très agile, le spermatozoïde ou l'anthérozoïde, ou très disséminable, comme le grain de pollen, et de l'élément femelle, plus gros, souvent encombré de matière nutritive et immobile, c'est l'ovule des animaux, l'oosphère des végétaux [2].

Dans beaucoup d'organismes, particulièrement chez les végétaux, les deux sortes d'éléments sont engendrés simultanément; mais on sait que divers dispositifs viennent gêner l'autofécondation, qui est peu active, parfois infertile et, en tout cas, contraire à la tendance naturelle.

Chez les animaux supérieurs, la division du travail amène la séparation des sexes sur deux individus distincts. La différence de rôle des cellules sexuelles retentit, en conséquence, sur tout l'organisme, qui présente des dissemblances en rapport avec les sexes. Ces dissemblances, peu profondes d'abord, surtout lorsque la fécondation a lieu en dehors de l'organisme, s'accentuent en remontant l'échelle des êtres, la part dévolue à la femelle devenant de plus en plus consi-

[1] Hertwig, *loc. cit.*, p. 258.
[2] *Ibid.*, p. 259.

dérable. Chez les mammifères, celle-ci doit supporter la gestation, l'allaitement et l'élevage des petits ; en conséquence, une bonne partie de sa puissance vitale est dérivée vers cette fin.

Les facultés fondamentales chez les deux sexes sont les mêmes, mais leur intensité est inégale, à cause de ce balancement organique. Au total, il y a équivalence ; car, s'il en était autrement, l'espèce dégénérerait d'une génération à l'autre : équivalence, mais non égalité.

Le cycle évolutif de l'être vivant.

Jetons maintenant un coup d'œil d'ensemble sur le développement de l'être vivant, de l'animal en particulier.

De par la fécondation, la cellule œuf reçoit une propension extraordinaire à la segmentation. Cette propriété va d'abord trouver à se satisfaire dans la reconstruction de l'organisme sur le plan ancestral. Mais déjà, quand la construction de l'édifice touche à sa fin, cette sorte de vitesse acquise, qui est encore loin de se ralentir, se porte sur les organes sexuels et détermine une prolifération puissante de spermatozoïdes ou d'ovules, suivant le sexe, ou de corps analogues, et les impérieux besoins de la sexualité.

Pendant une période plus ou moins longue, proliférations sexuelles et manifestations les plus diverses de la vie qui sont, comme nous le savons, les résultats de

17

la segmentation continuelle des éléments vitaux, vont donner cours à l'activité de l'être vivant. Mais enfin, cette impulsion primitive se fatigue et s'amoindrit et, peu à peu, l'être vivant s'achemine vers la mort.

Il faudrait, pour entraver ce mouvement de décadence, qu'à un moment opportun il y eût, comme chez les infusoires, échange d'éléments vitaux entre deux individus. La chose n'étant possible que chez les protorganismes unicellulaires, il en résulte que tous les autres êtres vivants sont inéluctablement voués à la mort, indépendamment des causes accidentelles de destruction.

Pour expliquer cette décrépitude fatale, on a allégué chez les métazoaires la perte de la propriété de segmentation cellulaire à la suite de la différenciation des tissus. Toute cellule, en s'adaptant de plus en plus étroitement à une fonction déterminée, perd progressivement la faculté de se diviser. Mais cela n'explique pas pourquoi les cellules reproductrices, les cellules lymphatiques, qui servent aux réparations et sont restées au stade primitif, perdent aussi cette faculté avec l'âge. Cela n'explique pas, non plus, pourquoi les protozoaires, qui ne sont nullement différenciés, arrivent, à un moment donné, à ne plus pouvoir se segmenter. Il y a donc une autre raison d'ordre plus général que nous étudierons ultérieurement.

L'homme n'échappe pas à la loi universelle : « *necesse est hominem mori.* »

Il faut d'abord s'incliner devant cette loi, qui est une conséquence du plan général de la Nature. Mais il y a encore lieu de mettre en lumière le rôle supérieur de la mort dans la biologie générale. Ce rôle peut se diviser en deux chapitres.

1° La mort est indispensable au progrès.

Si, en effet, les premiers êtres avaient été permanents, les faunes et flores primaires, remplissant la surface du globe par droit de premier occupant, auraient étouffé toute tentative de transformation, les nouveaux venus ne trouvant ni l'espace, ni les subsistances nécessaires à leur développement. Nous en serions encore à l'âge du Silurien ; sans la mort, les faunes et flores secondaires, tertiaires et quaternaires n'auraient pas vu le jour et, par conséquent, l'homme lui-même n'existerait pas.

Au lieu de cela, les organismes usés disparaissent, les nouveaux les remplacent avec des perfectionnements de plus en plus accentués, et, de proche en proche, l'espèce évolue, se transforme, chaque génération pouvant trouver momentanément les conditions nécessaires à son existence.

On peut comparer le rôle de la terre à celui d'un vieil immeuble qui aurait déjà abrité un nombre considérable de générations. Les locataires passent, accomplissent leur existence, mais l'immeuble reste toujours hospitalier pour de nouveaux habitants. Il n'en aurait plus été de même si les premiers avaient été indélogeables.

Supposons, par impossible, qu'à un moment quelconque de son histoire, l'homme lui-même échappe à la mort ; à l'instant même, la civilisation s'arrêtera, se cristallisera sur place, un chacun continuant à vivre immobile dans le milieu où il se trouve bien par une sorte d'accoutumance et d'adaptation. Au lieu de cela, chaque génération nouvelle, en vertu de l'excès de force vive qui l'anime, vient briser à chaque instant cette sorte de moule dans lequel l'humanité tend à se figer, elle l'en fait sortir et la pousse en avant, tandis que les débris du passé s'acheminent lentement dans l'anéantissement et l'oubli.

Même dans les sphères supérieures de la science, n'a-t-on pas vu d'étranges exemples d'obstination à soutenir des causes perdues? Après que Lavoisier eut victorieusement démontré l'invariabilité de la masse de la matière, il y eut des chimistes, comme Priestley, qui restèrent, quand même, attachés à la fantaisiste théorie du phlogistique ; la mort seule a eu raison et d'eux et d'elle. Le célèbre Biot n'a-t-il pas défendu jusqu'à sa mort la théorie de l'émission? Il a été le dernier.

Ainsi s'acheminent progressivement vers l'ombre du tombeau les attardés aux vieilles doctrines.

2° La mort est la grande épuratrice de la Nature.

L'esprit de la Nature est *uniquement!* géométrique ; ἀεὶ ὁ θεός γεωμετρέι, disait Platon : la Nature géométrise sans cesse ; *omnia cum numero, pondere et mensura constant,* reprend la Vulgate : tout est réglé avec nombre, poids et mesure [1]. Tout ce qui s'écarte de

---

[1] Il est intéressant de remarquer que les trois quantités *numerus* (pris ici dans le sens de rythme, cadence, mesure musicale et, par conséquent, de temps), *pondus* (idée de masse), et *mensura* (idée de mesure par comparaison avec un étalon fondamental, un étalon linéaire, et, par extension, idée d'espace), correspondent aux trois conceptions fondamentales de l'esprit humain, la masse,

l'harmonie des lois de la Nature doit rentrer dans le néant. Il importe, en effet, qu'elle soit toujours géométriquement belle ; c'est pour cela que les anciens désignaient la création sur les dénominations de κόσμος et de *mundus* qui, dans le sens propre, veulent dire *toilette.*

C'est cette tendance qui se retrouve dans le monde animé tout entier et se manifeste sous les aspects les plus divers, mais toujours dans le même sens. Il faut que l'être vivant fasse honneur à la Nature, car il est son ornement, sa parure, comme la cristallisation est la parure du minéral. C'est pour cela que les végétaux revêtent cette magnificence si étonnante de forme et de coloris et ce luxe si prodigieux, qu'on pourrait presque taxer d'excessif, dans leurs fleurs qui sont leurs chefs-d'œuvre ; que les animaux s'offrent à nous, lorsqu'ils sont en complet développement, dans leurs habits de gala où l'on voit se disputer l'élégance et l'harmonie de la forme d'une part et, de l'autre, la prodigalité des couleurs tantôt picturales, tantôt fluorescentes ou phosphorescentes, suivant les espèces. Chez les oiseaux, la mélodie de la voix vient s'ajouter au luxe du revêtement.

Comme nous sommes nous-mêmes des émanations de la Nature, nous sommes, en conséquence, imprégnés de son esprit, et nous obéissons à la même impulsion : animalité ou humanité, les lois sont les mêmes.

De là ce besoin d'ornementation, de parure, et toute

---

l'espace et le temps, et aux trois unités absolues des physiciens, le centimètre, le gramme et la seconde.

cette série des créations du luxe que nous rencontrons depuis le sauvage le plus dégradé jusque chez l'homme civilisé. Les costumes officiels, les uniformes des divers corps sociaux, le cérémonial qui entoure les principaux événements de la vie, les fêtes publiques, etc., toutes ces choses sont des manifestations du même ordre.

L'excès de force vive disponible de l'être normalement développé s'emploie à embellir son existence et ce qui l'entoure ; et toujours, dans cette recherche, nous retrouvons le même besoin de géométrie.

L'esthétique est la géométrie de la forme ; la morale, la géométrie des mœurs ; la science, la géométrie des connaissances.

La mort a pour mission de faucher tout individu qui s'écarte des lois harmoniques de la Nature. Ainsi, dans le combat pour la vie, les êtres insuffisamment doués ne tardent pas à devenir la pâture des mieux armés. Chez les vertébrés supérieurs, dont l'intelligence commence à s'affiner, il n'est pas rare, lorsque dans une portée naît une monstruosité, de voir la mère s'acharner contre l'être anormal et l'immoler ; l'instinct lui montre qu'il y a là quelque chose de contraire à l'harmonie de la Nature et qui doit disparaître. C'est bien la même idée qui poussait les Lacédémoniens à précipiter les enfants malformés dans le Barathron.

La Nature a dévolu de même un rôle épurateur aux carnivores, destinés à croiser constamment autour des troupes d'herbivores et à faire disparaître les infirmes, les traînards, qui déparent la scène du

monde et risqueraient, en se reproduisant, d'amoin-
drir la beauté organique de l'espèce. Les invasions
microbiennes agissent dans le même sens ; elles
attaquent de préférence les affaiblis, les débiles.

La sélection sexuelle intervient à son tour ; elle
exclut des fonctions de reproduction les individus qui
s'écartent trop incorrectement du type de l'espèce :
ils doivent disparaître sans postérité.

En un mot, la mort est la gardienne inexorable des
lois de la biologie.

Une conséquence sociologique d'une grande importance découle de ces constatations : c'est que les
sociétés humaines exercent un droit *naturel, primitif
et imprescriptible*, lorsqu'elles suppriment par la mort
les individualités qui se jettent en travers de leurs
lois et tendent à bouleverser leur organisation.

CHAPITRE X

Propriétés de la matière vivante (*suite*).

CAUSE DE LA SEGMENTATION DES VORTEX.

Considérer dans toute sa généralité la question de la segmentation des vortex vitaux revient à rechercher les causes déterminantes de la segmentation d'un mouvement tourbillonnaire quelconque, ou d'un système de mouvements tourbillonnaires. On peut répartir ces causes en deux catégories, suivant qu'elles sont extrinsèques ou intrinsèques.

A la première catégorie se rattache l'origine de la segmentation des tourbillons de nos rivières et des mouvements gyratoires atmosphériques. Cette segmentation paraît être due à la résistance du milieu et à l'interposition d'obstacles sur la marche de la gyration. C'est à la même cause qu'il faut rapporter la division du globe électrique quand il vient frapper le sol. Mais il est des cas où il se divise spontanément, et il faut alors invoquer une cause interne.

Il est incontestable qu'il existe des causes intrinsèques, internes, de segmentation des mouvements gyratoires. Signalons d'abord l'expérience suivante. On sait que l'on peut, par des procédés divers, provoquer artificiellement un mouvement de trombe dans une masse d'eau et le maintenir pendant un certain temps. Si l'on vient alors à verser dans l'axe du cône tournant des substances fluides étrangères, comme un filet de mercure, une bouillie de sable fin et d'eau, etc., on constate parfois la dissociation du cône tournant en un faisceau de petites gyrations distinctes.

Ainsi, l'introduction d'un élément étranger peut devenir le point de départ de la segmentation d'un mouvement tourbillonnaire.

Il est permis de généraliser la proposition à un système de mouvements tourbillonnaires, tels que ceux qui constituent les groupements des vortex vitaux. On s'expliquerait ainsi que le fusionnement de deux systèmes de vortex groupés d'une façon un peu différente provoquât immédiatement une tendance à la segmentation, tandis que le fusionnement de deux groupes de vortex identiques ne provoque rien de semblable.

L'acoustique peut, du reste, nous venir en aide pour élucider cette question. Si l'on monte sur une même soufflerie deux tuyaux d'orgue exactement à l'unisson, les deux sons émis par chaque tuyau se superposent et, finalement, les deux ondes se combinent en une onde résultante unique ; c'est comme si un seul tuyau parlait. Si les deux tuyaux présentent, au contraire, une petite différence de hauteur, il se forme des battements : les phases des deux ondes ne se correspondant plus, il y a tantôt renforcement et tantôt affaiblissement de la vibration résultante. Il est très vraisemblable que le mécanisme est le même dans le cas de la juxtaposition ou de la superposition de deux systèmes de vortex vitaux. Lorsque l'unisson n'existe pas, les battements qui en sont la conséquence doivent produire l'effet de coups de bélier provoquant la segmentation.

Si les deux systèmes de vortex sont trop dissemblables, la dissonance devient trop grande et leur essai de fusionnement est immédiatement suivi de leur dislocation ; il y a avortement. C'est pour cela que le rapprochement entre espèces différentes est généralement stérile.

Nous avons vu, au chapitre précédent, que, dans diverses circonstances, le noyau envoie dans la masse cytoplasmique des éléments détachés de sa substance. Les propriétés du cytoplasme sont immédiatement activées et concentrées dans une voie déterminée. Il est probable que cette infusion d'éléments nucléaires détermine, par le même mécanisme, une segmentation intense de vortex cytoplasmiques.

Aussitôt après le fusionnement des deux cellules sexuelles, l'œuf qui en résulte entre en segmentation. Les cellules nouvellement formées renfermeront la même cause perturbatrice, la même propension à se diviser, et ainsi de suite. Toutefois, il faut bien croire qu'à la longue cette tendance va en diminuant d'intensité et qu'il s'opère une sorte d'évolution interne ; une sorte de *modus vivendi* entre les éléments hétérogènes des groupements de vortex doit finir par s'établir ; cela a pour conséquence un ralentissement de la division des vortex et l'affaiblissement de l'activité vitale du sujet. Arrive alors un moment où la

segmentation des éléments vitaux devient impuissante
à contrebalancer leur destruction ; la mort est immi-
nente.

Nous avons une preuve de cette assimilation définitive d'éléments, au début hétérogènes, dans l'histoire
même de l'humanité. Nous voyons des races d'origines différentes se fusionner à la suite des siècles en
une race homogène. Mais il faut pour cela un temps
considérable, et il n'est pas rare de rencontrer, de ci,
de là, des individus offrant, plus ou moins nettement
accentués, quelques-uns des caractères des races primitives.

Peut-être, l'affaiblissement par l'action du temps de
ces caractères hétérogènes est-il une des causes de la
diminution de la natalité dans les vieilles sociétés ?
L'unification équivaudrait alors à la consanguinité.
Dans les rapprochements consanguins, les différences
d'évolution organique entre les deux cellules sexuelles
sont insuffisantes pour provoquer une segmentation
cellulaire puissante, et les individus issus de ces
unions sont souvent débiles, sujets aux maladies et
peu féconds par eux-mêmes. La constatation de ces
faits a conduit, dans l'élevage des animaux, à la pratique des croisements ; elle a été également l'origine,
dans les sociétés humaines, de réglementations prohi-
bitives qui ont fini par être acceptées universellement.

L'être vivant se trouve constamment soumis à deux
tendances évolutives inverses : la tendance externe
due à l'influence du milieu, et qui a pour effet de
l'éloigner progressivement du type ancestral ; la tendance interne provenant de la sexualité, et qui, au

contraire, entraîne le nivellement des divergences acquises par les individus d'une même espèce et sauvegarde les caractères spécifiques. L'une est progressiste, l'autre conservatrice. Quand les conditions de milieu se maintiennent sans perturbation, c'est cette dernière qui a le dessus ; si, au contraire, les conditions d'existence viennent à se modifier, c'est la première qui l'emporte. Ainsi s'explique que, pendant la durée parfois considérable d'un étage géologique, faune et flore restent sensiblement immobiles, tandis que, d'un étage à l'autre, elles offrent souvent des différences considérables. Il est probable que les périodes de changement ont été relativement de courte durée et ont alterné avec des périodes d'immobilisme fort longues.

Chez l'homme et les animaux, l'activité vitale atteint une grande intensité et la segmentation des vortex est très rapide; la diminution de la faculté de segmentation arrive nécessairement au bout d'un temps relativement court. Les végétaux, chez qui l'activité vitale est beaucoup moindre, conservent cette faculté bien plus longtemps, notamment les espèces ligneuses : témoins ces géants du règne végétal, auxquels on assigne plusieurs milliers d'années d'existence. On peut encore citer certaines espèces botaniques qui se reproduisent presque indéfiniment par des moyens agames, spores, propagules, bulbilles, procédés horticoles [1].

---

[1] Le règne végétal nous offre un grand nombre d'espèces s'éteignant après une seule reproduction (plantes annuelles, bisannuelles, monocarpiennes). Il ne faudrait pas croire que la mort

Toutefois, il est bon de remarquer que, de distance en distance, la reproduction sexuée réapparaît et redonne une poussée nouvelle à la descendance. D'autre part, dans la pratique horticole, on constate fréquemment que certaines variétés, reproduites uniquement par des moyens agames (la greffe, par exemple, pour les arbres fruitiers), finissent par tomber en décadence et disparaissent. C'est une confirmation de la règle générale que les êtres vivants ne peuvent se perpétuer indéfiniment sans l'intervention plus ou moins fréquente de la sexualité.

soit due ici à une disparition anticipée de la faculté de segmentation. Dans la même famille, on trouve côte à côte des espèces très voisines, les unes annuelles, les autres vivaces ; on peut, d'ailleurs, par les procédés horticoles, conserver pendant fort longtemps certaines espèces annuelles.

Cette mort prématurée est due à un balancement dans la distribution de l'énergie de vitalité et des réserves nutritives. Dans les végétaux n'ayant qu'un seul cycle de reproduction, toute la vitalité se porte à un moment donné sur le fruit et la graine, au détriment du système végétatif. C'est, de la part de la plante, un système d'adaptation à certaines conditions météorologiques, climatériques, ou de station. Beaucoup de végétaux de notre flore sont annuels, bisannuels ou vivaces, suivant l'état de l'automne et de l'hiver. Le ricin, l'héliotrope du Pérou, etc., annuels chez nous, sont vivaces dans leurs pays d'origine. Sur les sols arides, desséchables pendant l'été, sur les grèves périodiquement submersibles, dans les plaines cultivées dont le sol est retourné tous les ans, la végétation est le plus souvent annuelle. Nos plantes de cultures, pour la plupart, sont dans le même cas, surtout celles dont nous utilisons particulièrement la graine.

Un balancement organique similaire s'observe chez les insectes. La reproduction ne s'opère que dans la forme parfaite (imago), et la durée de cette dernière période est souvent fort courte. Il arrive même parfois que les individus sexués sont privés d'appareil digestif : ils ne doivent servir qu'à la reproduction.

CHAPITRE XI

La vie universelle.

Les embranchements et leurs subdivisions.

Tout corps céleste dans son évolution doit nécessairement passer par la phase d'habitabilité. C'est une des phases de sa destinée, dont la durée peut être extrêmement variable, depuis zéro jusqu'à un temps énorme, suivant que les conditions sont plus ou moins favorables.

Imaginons un monde quelconque où la vie vient de s'allumer d'une façon durable ; il est évident que les êtres qui l'habitent ne sont pas procréés d'une façon quelconque ; rien n'est arbitraire dans la Nature.

Il en sera d'eux comme des autres agrégats de la matière cosmique primitive, qui par condensation ont constitué les corps simples de la chimie. On sait que si l'on conçoit, comme l'a fait Mendéléef, une condensation continue et ininterrompue de la matière cosmique, de distance en distance seulement se rencontrent des types de condensation stables qui persistent seuls, tandis que les autres, instables ou impossibles, ont été éliminés. Cela se traduit par ce fait que sur une échelle indéfiniment croissante des poids atomiques on trouve seulement d'espace en espace les corps

simples des chimistes, et l'on constate que leurs propriétés sont dans une certaine relation avec leurs
poids atomiques.

De plus, ces différents agrégats sont bien loin d'être
représentés en proportions égales, certains sont beaucoup plus répandus, d'autres très rares : il y a donc
une probabilité très variable dans leur formation et
leur importance.

De la même façon, si nous supposons un tourbillon
vital primitif capable de varier de toutes les façons
possibles et imaginables, de temps en temps il réali-
sera des types spéciaux, distincts, viables, au milieu
d'une infinité d'autres éphémères ou n'ayant qu'une
existence imaginaire. Parmi les premiers, certains
seront plus vivaces, plus résistants, d'autres plus fra-
giles, moins fréquents [1].

On pourra, de même qu'en chimie, concevoir un
classement des types tourbillonnaires, depuis les plus
simples et les moins évoluables, jusqu'aux plus complexes et les plus riches en facultés évolutives ulté-

---

[1] Supposons, pour fixer les idées, que la fonction organisatrice
de ces tourbillons soit d'ordre algébrique et que, au lieu de
passer successivement par les degrés 1, 2, 3, 4..... n, elle passe
progressivement par tous les degrés intermédiaires commensu-
rables ou non. On peut imaginer de pareilles fonctions par la
pensée, mais elles ne correspondent à rien de pratique ; on ne
se fait pas une idée nette de ce que pourrait bien être une fonction du degré π, par exemple. Au milieu d'une pareille variation,
les seules fonctions à degrés entiers seront utilisables. Et encore,
pour chaque degré, il y aura des fonctions plus importantes les
unes que les autres : dans le second degré, la sphère et l'ellip-
soïde ont incontestablement un intérêt majeur ; dans le quatrième
degré, la surface d'onde, etc. Cela est une image du triage qui a
dû présider au lancement des amorces vitales primitives.

rieures. Comme la stabilité de ces mouvements tourbillonnaires repose uniquement sur les lois de la
dynamique de la matière cosmique universelle, il en
résulte ce point capital que :

*Les formes élémentaires de la vie sont partout les
mêmes à travers l'espace infini et le temps infini,*

absolument comme la lumière sidérale, d'où qu'elle
vienne, nous montre dans le spectroscope les mêmes
corps simples.

Cependant, il est concevable que toutes les formes
possibles de la vie ne persistent pas simultanément
sur un même sphéroïde, en raison des circonstances
qu'il présente. A la rigueur, des végétaux rabougris,
comme les lichens, peuvent, peut-être, vivre sur les
rochers lunaires ; mais, à coup sûr, il n'y a pas de
troupeaux d'herbivores dans les plaines désolées de
notre satellite. La vie sur les lointaines planètes extérieures de notre système, si peu éclairées par l'astre
central, doit également être bien limitée. Certaines
formes possibles pourront manquer, de même que
les chimistes sont encore à chercher certains corps
simples probables.

En particulier, dès le début de la vie sur notre planète, les êtres primordiaux, malgré un aspect extérieur
commun, la forme amiboïde, contenaient en puissance
un avenir évolutif différent, et ils ne tardèrent pas à
se séparer en suivant des directions divergentes.

Les premières différenciations furent celles qui déli-
mitent les grandes divisions du règne animé, les embranchements ; ce sont celles qui sont définies par la

forme de la fonction organisatrice, et nous venons d'établir que cette fonction saute brusquement d'une forme à une autre sans passer par les intermédiaires, ce qui revient à dire qu'un embranchement n'évolue pas vers un autre. Ainsi, à l'origine, nous trouvons des types évolutifs différents, irréductibles. Pour continuer la comparaison indiquée au chapitre précédent, ce sont comme les diverses compagnies de chemin de fer qui ont leurs têtes de ligne en un même point du territoire, la capitale, mais sont distinctes les unes des autres.

Mais bientôt les embranchements vont se diviser en rameaux aiguillant dans des directions différentes ; ceux-ci se subdiviseront à leur tour, et ainsi de suite, pour établir une sorte d'arbre généalogique dont il n'est pas toujours facile actuellement de rétablir la configuration générale. Au fur et à mesure qu'une lignée s'engage dans cette marche progressive et de plus en plus différenciée, elle dépense en route peu à peu la réserve de faculté évolutive qui lui avait été communiquée au départ.

Je désignerai sous la dénomination de *possibilités* la série des stades *possibles* par lesquels l'être vivant primitif pourra passer en s'écartant de plus en plus du point de départ.

On peut les hiérarchiser en possibilités de premier ordre, de second ordre, de troisième ordre, etc. ; elles sont en relation directe avec les variations permises aux paramètres de la fonction organisatrice, variations qui vont, du reste, constamment en se restreignant.

Prenons, en particulier, un amibe primitif et sa descendance ; ils sont tous les deux dominés par une fonction organisatrice de forme immuable :

$$f(x, y, z, \alpha, \varepsilon, \gamma, \ldots, t) = 0$$

caractérisant l'embranchement auquel ils appartiennent. Au début, les paramètres évolutifs sont indéterminés, aucune autre liaison que la relation nécessaire

$$\frac{df}{d\alpha}\, d\alpha + \frac{df}{d\varepsilon}\, d\varepsilon + \frac{df}{d\gamma}\, d\gamma + \ldots = 0$$

n'existe entre eux ; aucune possibilité n'est épuisée. Mais voici bientôt qu'un rameau se détache et aiguille dans une certaine direction qui va devenir une des classes de l'embranchement. Cette première possibilité mise en jeu correspond à une certaine relation entre les paramètres, relation de la forme

$$\varphi_1(\alpha, \varepsilon, \gamma, \ldots) = 0.$$

Cette relation va devenir héréditaire et sera imposée, en conséquence, à toute la filiation. La fonction φ_1 peut du reste revêtir diverses formes $\varphi_1' = 0$, $\varphi_1'' = 0$, $\varphi_1''' = 0$, etc. ; il y a, en effet, de nombreuses possibilités de premier ordre, et diverses classes peuvent surgir dans un même embranchement.

Ce sera maintenant le tour des classes à se segmenter en ordres ; l'être vivant revêt une nouvelle forme permise, *possible*, plus différenciée et correspondant à une nouvelle relation entre les paramètres évolutifs,

$$\varphi_2(\alpha, \varepsilon, \gamma, \ldots) = 0$$

qui se supérajoute à la première, devient également héréditaire et imposée. La fonction φ_2 pourra présenter des variantes $\varphi_2' = 0$, $\varphi_2'' = 0$, $\varphi_2''' = 0$, etc., correspondant aux diverses possibilités de second ordre, c'est-à-dire, aux divers ordres d'une même classe.

Et ainsi de suite pour l'apparition des possibilités d'ordres supérieurs.

La vitesse d'évolution, si l'on peut dire, a dû être très grande au début dans l'épuisement des possibilités des premiers ordres, comme nous le montre la géologie : les formes amiboïdes et larvaires ont laissé à peine des traces équivoques et ont été très rapidement remplacées par des formes parfaites, qui se montrent dès la base du Silurien ou Cambrien et souvent ne sont pas inférieures aux espèces analogues actuellement vivantes, pour ce qui est des embranchements inférieurs. Les évolutions d'ordre supérieur ont demandé un temps bien autrement considérable pour s'achever. Rappelons encore que ces stades successifs réapparaissent dans le développement embryogénique, qui est un abrégé de l'histoire de l'évolution ancestrale.

Pour fixer les idées, prenons, comme exemple, le type mollusque. Il a évidemment passé, à l'origine, par les stades d'amibe, puis de trochosphère, puis d'animal parfait ; à partir de ce moment, son organisation générale n'a plus changé, elle s'est conservée jusqu'à nous et, dût la terre vivre l'éternité, le type mollusque restera indéfiniment mollusque : c'est un embranchement. Mais cette fixité de plan de création ne l'a pas empêché d'utiliser ses possibilités évolutives de divers ordres en donnant naissance, dès le début du Silurien, aux diverses classes des céphalopodes, ptéropodes, gastéropodes, etc., et à leurs subdivisions.

De la même façon, à travers les âges géologiques, nous voyons se maintenir intacts dans leurs grandes lignes, mais variables dans leurs productions, les types foraminifère et radiolaire, le type spongiaire, le type tétramère cœlentéré, le type pentamère crinoïde-échinoderme, le type brachiopode, etc. ; chez les végétaux, le type algue, le type champignon, le type muscinée, etc. ; plus tard, le type trimère monocotylédone, le type pentamère dicotylédone.

Au fur et à mesure que l'être vivant se différencie, se perfectionne, ses possibilités potentielles vont en diminuant, il devient de moins en moins apte à évoluer ; il finit, à un moment donné, par arriver, pour employer une expression familière, au bout de son *peloton* évolutif, et il est condamné à disparaître à brève échéance. C'est ce qui a permis à de Saporta de formuler cette loi que « quand une évolution nouvelle se déclare, elle part toujours des groupes les moins différenciés et non des sommets évolutifs ; le progrès part d'en bas[1] ».

Ainsi s'expliquent les pertes éprouvées par divers groupes organiques à travers la série des étages géologiques : les Nautilides, par exemple, après avoir apparu dans le Silurien, ont eu des représentants de plus en plus différenciés dans les Goniatites du Dévonien, les Cératites du Trias, les Ammonites du Juras-

---

[1] De Saporta. *L'Évolution du règne végétal.*

sique et, enfin, dans ces étranges formes déroulées.
contournées ou droites du Crétacé; mais il ne leur a
pas été possible d'aller au delà ; ce rameau a disparu
et, actuellement, le groupe n'est plus représenté que
par la forme primitive, le Nautile.

On peut comparer ces manifestations successives
d'un même concept organique aux productions d'un
compositeur qui, ayant inventé une phrase musicale,
la jouerait sur tous les tons, la varierait et l'orches-
trerait de toutes les façons imaginables ; fatalement,
à un certain moment, il arrivera à bout du possible et
sera obligé de changer de mélodie.

Il est bien certain que le progrès indéfini n'est pas
permis à tous : il y a des privilégiés. La paléontologie
nous montre à tout moment des disparitions, des
arrêts, des décadences, parfois même des rétrogra-
dations.

Remarquons encore que les diverses relations de pos-
sibilités, représentées par les fonctions $\varphi_1, \varphi_2, \varphi_3 \cdots \varphi_n$,
ont pu revêtir des formes sensiblement semblables
dans les divers embranchements ; ce qui explique les
développements parallèles que l'on remarque dans
chacun d'eux, sans qu'il soit, toutefois, possible d'établir autre chose que des analogies et non des iden-
tités, les fonctions organisatrices étant différentes.

Et maintenant, avant de clore ce paragraphe, il
importe de revenir sur la signification physique de ces
relations mathématiques que nous avons indiquées
entre les paramètres de la fonction organisatrice. Nous
avons déjà dit qu'ils correspondaient à des groupe-

ments géométriques de divers ordres des vortex élémentaires.

Voici ce qui me paraît être le plus présumable : au début de la vie, sur notre planète, le noyau cellulaire n'existait pas encore, et tous les vortex étaient à peine groupés dans la trame homogène de l'amibe primitif. Ces vortex correspondaient eux-mêmes à des modalités différentes du mouvement de l'éther en rapport avec les futurs embranchements. Mais bientôt l'évolution se déclare, un premier groupement bien défini se détache parmi les vortex jusqu'alors à peu près indépendants ; il correspond à la première équation de liaison $\varphi_1 = 0$. Toutefois, une partie seulement des vortex s'organise ainsi : cette partie constitue un petit îlot qui s'isole sous la forme extérieure d'un filament nucléaire et se sépare du reste de la cellule par une membrane propre : le noyau apparaît. Chaque évolution nouvelle correspond à un groupement plus compliqué, à un groupement de groupements des éléments nucléaires, chacun d'eux étant le représentant d'une des liaisons $\varphi_1 = 0$, $\varphi_2 = 0$, $\varphi_3 = 0$, etc. ; et la complexité de la structure du noyau s'élève constamment pour atteindre son summum chez les êtres supérieurs.

Quant au cytoplasme, il reste au stade primitif ou stade amiboïde et, de fait, nous le voyons fréquemment manquer de membrane enveloppe et envoyer des prolongements pseudopodiques vers l'extérieur, à la manière des amibes ; tel est le cas des leucocytes, ou encore des cellules nerveuses multipolaires qui, par ce moyen, établissent entre elles des communications temporaires, comme les protistes eux-mêmes avec leurs pseudopodes.

Cependant, des groupements particuliers peuvent également se former dans le cytoplasme ; nous en voyons des exemples dans les leucites des cellules végétales, les granulations des cellules glandulaires, dans la trame contractile de l'hyaloplasme et surtout dans la structure fibrillaire et striée des éléments musculaires, dans l'organe électrique des poissons, etc. En particulier, le cytoplasme des cellules nerveuses grises doit présenter des groupements intimes extrêmement nombreux et extrêmement compliqués, correspondant aux acquisitions de la mémoire. Par les prolongements multipolaires, ces groupements de vortex peuvent être mis en rapport les uns avec les autres et de leur réaction jaillit l'association des idées, le jugement, l'entendement.

Il y a ainsi dans l'être vivant deux mémoires, l'une organique, héréditaire, transmissible, localisée dans le noyau ; l'autre personnelle, non transmissible et en rapport avec l'exercice des fonctions de relation ; c'est la mémoire ordinaire, localisée dans le cytoplasme de la substance grise du cerveau. Comme la quantité des documents à entasser dans ses casiers est extrêmement considérable, on conçoit la nécessité des localisations cérébrales, on comprend pourquoi la substance grise a dû prendre un développement très étendu et présenter, chez les animaux supérieurs et chez l'homme, des plissements nombreux qui favorisent son extension, sans augmenter outre mesure le poids du substratum.

Origine des vertébrés.

Parmi les combinaisons vitales procréees pêle-mêle au début, il y a eu un certain groupe capable d'une évolution bien plus étendue que les autres et possédant une réserve bien plus grande de possibilités de divers ordres. Ce groupe devait aboutir aux vertébrés ; il nous intéresse donc au plus haut point.

On a exposé des systèmes très divers pour expliquer, dans l'harmonie des choses, la liaison des vertébrés aux invertébrés. En particulier, la station dorsale du système nerveux des premiers, tandis qu'elle est ventrale chez les seconds, est la grande difficulté du problème. A mon avis, le type vertébré est aussi irréductible aux invertébrés que les divers types d'invertébrés le sont entre eux. Il y a eu parallélisme d'évolution et non filiation.

Pour nous faire une idée de la loi d'évolution de ce type, mettons bien en lumière le fait capital suivant, à savoir, que des renfoncements, des invaginations de l'ectoderme sont fréquemment, chez les métazoaires, le point de départ de progrès considérables, par suite de la localisation dans ces dépressions de certaines fonctions d'abord diffuses et mal définies.

La première invagination en date évolutive est celle qui donna naissance à l'appareil digestif ; c'est la *gastrula.*

Dans un stade plus avancé, la sensibilité pour la lumière, d'abord généralisée dans tout l'ectoderme, va se localiser, en se perfectionnant, dans une invagination qui se transformera progressivement dans l'organe de la vision. Une autre invagination va donner naissance au sens de l'audition, l'otocyste. L'organe de l'odorat provient aussi généralement d'un même processus.

Le système nerveux reste, dans les invertébrés inférieurs, diffusé dans la région ectodermique, et arrive dans les groupes supérieurs à une systématisation assez élevée, représentée par la chaine ganglionnaire ventrale, mais ne va pas au delà et reste subordonnée au développement de la gastrula qui se forme la première.

Or, ce qui avait réussi pour l'appareil digestif et pour les organes des sens pouvait bien être tenté pour le système nerveux tout entier chez des organismes supérieurs, possédant une fonction organisatrice d'ordre plus élevé. D'ailleurs, une invagination spéciale pour le système nerveux devait incontestablement conférer à l'appareil nerveux une supériorité de premier ordre, puisqu'il devenait dès lors une institution primitive, fondamentale, au lieu d'être subordonné, et assurer à ce nouveau groupe la suprématie, à un moment donné, sur tous les autres produits de la création.

Cette invagination destinée au système nerveux, c'est la gouttière dorsale qui devient bientôt le canal neural par la soudure des bords de la gouttière. Bien que de forme allongée, au lieu d'être plus ou moins cylindrique ou ovoïde, elle n'en est pas moins morphologiquement comparable aux autres invaginations; la preuve en est dans ce fait que, une fois transformée en canal nerveux, elle peut contracter avec ces autres

invaginations des alliances, en vertu de ce principe
que deux organes de même nature ont une tendance
à se souder.

Ainsi voyons-nous, dans la partie antérieure du
canal neural et de chaque côté, un diverticle du troisième ventricule cérébral marcher vers l'extérieur, se
mettre en contact avec la dépression oculaire ectodermique pour former l'œil définitif ; de même un
diverticle de chacun des premiers ventricules entre
en rapport avec la fossette olfactive correspondante
pour constituer l'organe de l'odorat.

D'autre part, les relations du tube nerveux avec le
tube digestif sont du plus haut intérêt.

Chez l'*Amphioxus*, nous voyons, aux premiers
stades, le tube nerveux rester ouvert en avant par un
pore qui n'est pas sans analogie avec une bouche,
tandis qu'en arrière il communique avec le tube intes-
tinal par le canal neurentérique et possède le même
pore efférent que lui ; ce sont comme deux tubes diges-
tifs parallèles et en partie fusionnés ; plus tard, ils
deviennent complètement indépendants [1].

Chez les autres vertébrés, cette communication pos-
térieure existe également, dans les premières phases
du développement embryonnaire, par l'intermédiaire
du canal neurentérique qui contourne la notochorde
et va se joindre à l'intestin post-anal, sorte de prolongement de la cavité digestive [2].

Les vertébrés craniotes offrent encore un autre

---

[1] Claus. *Traité de Zoologie*, trad. franç., éd. II, p. 1203.

[2] Balfour. *Traité d'embryogénie*, traduct. franç., 1885, t. II, p. 301.

exemple de rapprochement des deux cavités digestive
et neurale, mais, cette fois, dans la région antérieure
de la notochorde. On voit, pendant le développement embryonnaire, le troisième ventricule cérébral
se creuser en une sorte d'entonnoir, appelé *infundibulum*, et se diriger vers l'involution de la bouche.
Celle-ci, de son côté, envoie un diverticle à la rencontre
du prolongement nerveux et, bientôt, les deux arrivent
au contact. Ce diverticle s'isole alors en forme de
glande close qui vient s'accoler contre l'infundibulum
et forme l'*hypophyse* ou *glande pituitaire*. Chez les
mammifères, il s'établit un fusionnement intime entre
l'hypophyse et le sommet de l'infundibulum devenu
massif [1].

Il n'est pas douteux qu'on ne soit là en présence d'un
appareil vertigiaire ; et il y a lieu de croire qu'à une
époque antérieure, une communication existait entre
les deux cavités digestive et neurale. D'ailleurs, pendant la période embryonnaire des tuniciers appendicu-
laires, que l'on considère comme des provertébrés, les
deux invaginations digestive et neurale communiquent
entre elles, immédiatement après la bouche [2].

[1] Balfour, *loc. cit.*, p. 402.
L'hypertrophie de la glande pituitaire coïncide chez l'homme
avec l'étrange affection connue sous le nom d'*acromégalie*, dans
laquelle les parties saillantes du corps, notamment les mains, les
pieds, la mâchoire inférieure, s'accroissent d'une façon anor-
male. Il se pourrait que cette sorte de glande digestive, entraînée
dans le cerveau, eût pour fonction actuelle d'agir sur le liquide
céphalo-rachidien, comme les glandes modificatrices du sang,
glandes thyroïde, surrénales, etc., agissant par l'intermédiaire
de la circulation. Sa sécrétion aurait une influence particulière
sur les centres nerveux trophiques.

[2] Balfour, *loc. cit.*, p. 13.

Ces relations entre les deux grandes cavités organiques des vertébrés font penser à ce qui se passe chez les siphonophores qui sont des colonies de méduses agrégées. La division du travail amène la répartition des membres de la colonie en méduses hydrostatiques, méduses locomotrices, gastrozoïdes chargés de la digestion, gonozoïdes préposés à la reproduction, et enfin en *dactylozoïdes*, individus plus spécialement préposés aux fonctions de relation. Or, les cavités gastro-vasculaires de toutes les méduses sociétaires communiquent par un siphon; en particulier, les dactylozoïdes sont nourris par les gastrozoïdes, à charge pour eux de capturer la nourriture pour toute la colonie.

Il a dû en être de même à l'origine du développement du type vertébré : le tube digestif devait déverser directement les produits alimentaires dans le tube nerveux. Mais bientôt l'établissement d'un système vasculaire distinct est venu assurer une nutrition bien autrement active du système nerveux, et l'intercommunication a disparu de bonne heure.

En résumé, le développement des vertébrés apparaît dominé par la formation de deux grandes gastrulas reliées entre elles par un connectif qui est la notochorde, plus tard la chaîne vertébrale. Ces deux gastrulas, dans le principe, sont équivalentes et si nous comparons le vertébré à l'invertébré, qui ne possède qu'une seule gastrula, le premier nous apparaît comme un animal double.

Mais bientôt la différenciation va s'accentuer ; la première gastrula va évoluer dans le sens digestif comme chez les invertébrés, tandis que l'autre va évoluer dans le sens nerveux, et le vertébré développé se montrera formé par la symbiose de deux individualités profondément distinctes, le *gastrozoïde* ou *hématozoïde* d'une part et de l'autre le *neurozoïde*.

Au premier incombent les fonctions organiques, au second les fonctions nerveuses supérieures, les fonctions de relation. Ils s'envoient réciproquement leurs racines, le premier ses racines vasculaires, les vaisseaux sanguins, le second ses racines nerveuses, les nerfs ; la symbiose, le mutualisme deviennent si étroits que les deux êtres se fusionnent en une individualité unique d'ordre supérieur, capable des plus hautes destinées.

De la chaîne vertébrale partent de côté et d'autre des organes protecteurs morphologiquement identiques, les arcs hémaux et les arcs neuraux, limitant ainsi deux cavités homologues, mais différenciées par la loi de la division du travail, la cavité hémale et la cavité neurale.

Ainsi les vertébrés sont des individualités doubles fusionnées en une seule ; ils sont *diplozoïques*, tandis que les invertébrés sont des individualités simples, sont *monozoïques*. Le système hémal du vertébré, l'hématozoïde, correspond seul au corps de l'invertébré ; le système encéphalo-rachidien, le neurozoïde, est une innovation que ne connaît pas ce dernier [1].

---

[1] N'y aurait-il pas une certaine analogie entre la double chaîne ganglionnaire du Grand Sympathique et le système nerveux des annélides et des arthropodes, contenus l'un et l'autre dans la cavité hémale ?

A la vérité, ces deux systèmes nerveux diffèrent par leur position et par leur origine. L'un est ventral chez les invertébrés,

Les ancêtres des vertébrés ont pu, pendant une première période, ne pas différer extérieurement de certains groupes d'invertébrés. Mais, tandis que ceux-ci se sont développés très rapidement et puis, incapables d'aller plus loin, sont restés à ce premier stade, ceux-là ont évolué plus lentement, mais d'un mouvement continu, et bientôt, franchissant les frontières des premiers groupes, ils sont arrivés à une forme de perfection incomparablement plus élevée, caractérisée par l'individualisation du système nerveux.

L'épuisement progressif des possibilités disponibles, déposées dans les organismes primordiaux, s'est effectué à des époques successives de l'âge de la terre. C'est ce que déjà les anciens avaient, semble-t-il, soupçonné, lorsqu'ils se représentaient la tendance créatrice de la Nature sous les traits d'un personnage anthropomorphique, opérant par journées successives. Si on laisse de côté l'interprétation enfantine et l'ordre des apparitions supposées, l'idée en elle-même est vraie, comme le montre la paléontologie.

l'autre dorsal chez les vertébrés ; mais il n'y aurait pas lieu de s'arrêter beaucoup à cette difficulté, car on pourrait facilement admettre que le système encéphalo-rachidien a entraîné par voie d'attraction son prédécesseur que, désormais, il domine en maître.

L'autre difficulté est plus grave : les ganglions sympathiques n'ont pas une origine indépendante et procèdent, dans le développement embryogénique, des nerfs spinaux. Toutefois, il se pourrait que le nouveau système, une fois installé, accaparant à lui seul toutes les fonctions nerveuses, ait pris à sa charge la construction et l'entretien de l'ancien système qu'il aurait adopté et utilisé en sous ordre. Ce dernier, opprimé par le vainqueur et comme déchu, ne garderait plus que les fonctions inférieures et obscures de la vie organique et encore sous un contrôle sévère.

On a signalé, d'ailleurs, chez les tuniciers, des indications d'un système sympathique indépendant.

D'abord ce sont les invertébrés et les végétaux inférieurs qui apparaissent dès l'aurore des temps primaires et qui bientôt peuplent la terre et les mers.

Les êtres à possibilités plus étendues évoluent plus lentement. Parmi eux un certain nombre restent en route, soit parce qu'ils se sont engagés dans une direction latérale au lieu de la voie directe, soit qu'ils n'aient eu en partage que des possibilités insuffisantes. Ces formes hésitantes et qui sont comme des jalons du chemin parcouru par les plus favorisés existent encore de nos jours : ce sont les tuniciers, précurseurs des vertébrés. Certains d'entre eux subissent même une rétrogradation consécutive : ce sont les non appendiculés qui, après avoir revêtu dans le jeune âge la forme de têtards, retournent au stade des invertébrés.

Enfin, le nouveau type vertébré sort définitivement de la période de tâtonnement et s'affirme puissamment sous les formes les plus variées et ne tarde pas à établir, à son tour, son empire sur la terre. Cette période a son point de départ dans le milieu du primaire et s'étend jusqu'à nous, mais non sans des évolutions et sans des changements de dynasties, si l'on peut s'exprimer ainsi.

En effet, jusqu'au milieu du secondaire, les vertébrés sont représentés par des animaux à sang froid et l'on sait que les reptiles, en particulier, atteignent leur apogée de développement.

Mais voici qu'une nouvelle forme plus évoluée apparaît : c'est le vertébré à température invariable, et cette température n'est pas quelconque ; c'est celle

qui se prête le mieux à l'accomplissement des phénomènes vitaux. Ces nouveaux êtres vont bientôt supplanter les précédents, surtout maintenant que l'inégalité des saisons, l'inégalité de climat des diverses
régions du globe vont aller constamment en s'accu-
sant davantage.

Nous sommes à la fin du secondaire et nous entrons
dans le tertiaire. C'est alors comme une sorte d'explosion créatrice d'où sortent les oiseaux et les mammifères.

Origine et rôle de l'homme.

Mais la création ne devait pas s'arrêter là : il existait encore un certain groupe d'êtres ayant en réserve
une provision considérable de possibilités encore
intactes. Ce groupe franchira les stades divers où se
sont arrêtés en route les autres types d'animaux à
sang chaud et, s'élevant à des degrés supérieurs,
mettra enfin en lumière la plus haute tendance organisatrice qui puisse exister.

Avant d'aborder cette question, il n'est, peut-être,
pas inopportun de faire une digression dans le domaine de la philosophique naturelle.

Pour le naturaliste, conscience, mémoire, intelligence, sont des attributs inséparables de la personnalité, et par conséquent des propriétés inhérentes à
toute cellule vivante. Il s'agit, bien entendu, ici de
facultés très élémentaires, mais qui au fond ne diffèrent que par l'étendue et l'intensité des facultés

psychiques du même nom que tout le monde connaît et qui ne sont, en définitive, que la résultante, la sommation d'une multitude de facultés élémentaires.

Ces facultés psychiques élémentaires se partagent inégalement entre les deux parties de la cellule, le cytoplasme et le noyau. Dans le cytoplasme, il se produit à chaque instant des combinaisons de vortex très peu stables, n'ayant qu'une existence temporaire, qui correspondent, si je puis dire, aux idées du moment, elles disparaissent pour faire place à d'autres ; de même que dans le sens de la vue, les images et leur perception se renouvellent constamment. Dans le noyau, au contraire, s'accumulent des combinaisons de vortex d'une bien plus grande fixité et qui sont destinées à passer à la postérité.

Entre ces deux parties constituantes il y a des communications incessantes. L'édification de la cellule et sa direction organisatrice viennent du noyau incontestablement. Mais les documents qu'il met en œuvre ont certainement appartenu d'abord au cytoplasme avant de lui appartenir en propre. C'est ainsi que, dans la fabrication des lois, les citoyens se réunissent, se concertent et rédigent certains documents qui, une fois adoptés, sont conservés dans les archives du pays et deviennent *organiques*. Les citoyens disparaîtront, mais les lois resteront ; elles resteront intactes, jusqu'au jour où l'on éprouvera le besoin de les modifier. L'évolution dans les institutions humaines n'est qu'une copie de l'évolution de l'être vivant [1].

[1] Cette différence de structure dynamique entre le cytoplasme et le noyau nous permet d'expliquer complètement la personna-

Je prends donc un être vivant quelconque placé dans des conditions déterminées. Cet être vivant tend à s'équilibrer avec le milieu et, jugeant à sa façon du monde extérieur, il cherche à se tirer d'affaire de son mieux. Je suppose que les conditions soient telles qu'il trouve avantageux de bondir dans l'air pour saisir sa proie ou de s'élancer dans l'eau. Sa conviction finira par s'établir que, s'il lui était possible de bondir plus haut ou de s'élancer plus loin, il y aurait un grand avantage pour lui. Cette conviction retentit dans son organisme tout entier, car on ne pense pas seulement avec le cerveau, toute cellule pense à sa manière [1].

lité. La mobilité, le peu de stabilité des vortex cytoplasmiques qui, sous l'impulsion la plus minime venue de l'extérieur ou de l'intérieur, peuvent donner naissance aux combinaisons les plus variées et en nombre, pour ainsi dire, infini, nous expliquent le sentiment que nous avons de notre liberté. Le libre arbitre est presque une vérité, car s'il est vrai qu'aucune particule ne puisse se déplacer sans une coordination avec l'ensemble tout entier, il n'est pas moins vrai que, si les liaisons de l'ensemble permettent à cette particule de se déplacer dans un nombre immense de directions et qu'il suffise d'une impulsion absolument insignifiante pour l'engager dans une direction plutôt que dans une autre, on peut dire que cette particule est presque libre.

Le noyau est l'élément de stabilité, de résistance, de pondération ; il corrige à chaque instant les écarts de sa voisine « la folle du logis ». Et c'est de l'heureuse harmonisation de ces deux éléments, l'un quelque peu désordonné, le cytoplasme, et l'autre modérateur, le noyau, que résulte la personnalité définitive.

[1] Chez l'homme, la division du travail a déterminé d'une façon beaucoup plus tranchée que chez les animaux la localisation des facultés psychiques dans la masse cérébrale. La pensée est presque uniquement élaborée dans cet organe et le reste du corps n'assiste qu'en serviteur obéissant. Cependant, en cas d'émotion intense ou passionnelle, le corps tout entier entre en action et la pensée organique se fusionne avec la pensée psy-

A la suite de cette sorte d'assentiment unanime,
un document nouveau va être déposé simultanément
dans le noyau de toutes les cellules de l'organisme
tout entier et, en particulier, dans les cellules reproductrices.

Comme l'organisme que nous considérons est supposé adulte, il ne sera pas modifié pour cela : *les lois
organiques n'ont pas d'effets rétroactifs*[1]. Mais il en
sera tout autrement quand des cellules reproductrices
se détacheront de l'organisme : ayant toute liberté
pour reconstruire l'édifice, elles vont appliquer les
nouvelles lois et le nouvel être **va** présenter des transformations dirigées précisément dans le sens rêvé par
l'ancêtre, et l'on conçoit qu'au bout d'un certain nombre
de générations, si la tendance conserve sa direction,
la descendance finira par voler ou par nager.

Ainsi, c'est uniquement l'intelligence organique qui
a engendré tous ces étranges êtres qui ont peuplé et
peuplent encore la surface du globe, et il est absolument hors de propos de vouloir faire intervenir une
intelligence extra-organique !

Tout cet arsenal si extraordinairement varié d'organes offensifs et défensifs que nous exhibent les

chique. Il en est ainsi, en particulier, dans tous les actes pas-
sionnels qui ont pour point de départ la sexualité. Le langage
populaire dit d'une façon bien expressive : « C'est le sang, c'est
la chair qui parlent ».

[1] Chez le caméléon, la réaction de la pensée organique s'opère
chez l'individu lui-même, et, grâce à la mobilité des chromato-
phores de la peau, l'animal peut s'équilibrer de teinte avec le
milieu dans lequel il est placé. Cette équilibration n'a plus lieu
si on lui crève les yeux. Les poissons habitant la vase peuvent
également modifier leur coloris, suivant le milieu.

animaux, tous ces déguisements connus sous le nom de mimétisme pour arriver plus facilement à leurs fins, ces violents appareils électriques des poissons pour stupéfier leur proie, ces terribles sécrétions venimeuses des reptiles et autres, ces lanternes qui serviront à percer les ténèbres de la nuit ou des profondeurs de la mer, ces adaptations si merveilleuses des végétaux suivant les milieux, ces attractions qu'ils offrent aux insectes pour assurer leur reproduction, ou bien les pièges qu'ils leur tendent pour s'en nourrir, tout cela est voulu, tout cela est consenti, tout cela est créé de propos délibéré par l'organisme lui-même et par lui seul, dans la limite des possibilités à lui dévolues !

Ces prémisses étant posées, nous pouvons admettre que la création se soit faite suivant deux plans différents : dans le premier, l'être vivant se pétrit lui-même, modèle son propre organisme et l'amène à une finalité déterminée ; dans le second, c'est le monde extérieur lui-même, c'est la matière inerte qui va être pétrie et modelée à son tour entre les mains d'un être doué d'une intelligence créatrice supérieure, l'homme.

En effet, jusque-là tous les êtres sans exception ont été armés, pour la lutte, d'un outillage approprié merveilleusement, mais qui fait partie de leur propre organisme ; chez l'oiseau, par exemple, l'outil c'est le bec qui est si variable de forme, c'est aussi la patte avec ses transformations multiples. Ils peuvent dire, comme le sage, qu'ils emportent tout avec eux. Si cette disposition a des avantages au point de vue de la simplification de l'existence, elle a l'inconvénient très grave d'immobiliser l'être dans une direction déterminée ; chacun est rivé fatalement, de la naissance à la mort, à un mode d'existence imposée.

Supposons une humanité construite sur le même plan : le maçon tiendra rivé irrévocablement au bout de son bras une truelle, le menuisier une varlope, le forgeron. un marteau, etc., et maçon ne pourra que bâtir, menuisier que raboter, forgeron que marteler, etc. Au lieu de cela, l'un quelconque d'entre eux peut prendre l'outil de son voisin ; l'outil devient libre et indépendant de l'organisme : l'homme apparaît.

L'apparition de l'homme est caractérisée par l'extériorisation de l'outil.

C'est là véritablement la ligne de démarcation de l'homme et de la bête. La bête est rivée à son outil, les deux ne font qu'un. Chez l'homme, la séparation s'effectue. N'est-ce pas le premier outil sorti de ses mains, la pierre éclatée, qui permet de retrouver sa trace dans le lointain du passé ?

Une pareille transformation n'a pu s'opérer que grâce à un accroissement extraordinaire des fonctions intellectuelles. Autrefois, pour qu'un progrès se fît, il fallait attendre une nouvelle génération, et encore combien faible était-il ! Actuellement, si un premier outil ne convient pas, il est remplacé immédiatement par un autre mieux façonné, le progrès s'effectue dans la durée même de l'existence individuelle et il ne s'arrêtera plus.

Ce prodigieux développement de l'industrie humaine

est une conséquence immédiate de l'extériorisation de l'outil. Mais, à bien prendre les choses, il n'est, en définitive, que la suite perfectionnée de l'industrie animale ; c'est un acte nouveau du grand drame de la Nature évoluant à travers le temps et l'espace.

Toutefois, cette transformation ne s'est pas opérée subitement comme par un changement à vue, et nous en avons la preuve dans ces précieuses reliques de l'industrie naissante que les couches du sol ont conservées jusqu'à nous ; ces silex de forme hésitante, recueillis, de ci, de là, dans les dépôts de la seconde partie du tertiaire, nous attestent que l'homme ne s'est véritablement dégagé de la bête que lentement et progressivement. C'est seulement dans le quaternaire qu'il est complètement sorti de ce qu'on pourrait appeler sa forme larvaire *(précurseur, pithecanthropus, homosimius* des anthropologistes).

La recherche de la généalogie phylogénétique de l'homme a beaucoup excité l'imagination des naturalistes. Les développements précédents vont, peut-être, nous permettre de jeter quelque lumière sur cette obscure question. Nous savons d'abord qu'une adaptation trop étroite immobilise de bonne heure un type organique et stérilise son évolution. Notre souche ancestrale a dû avoir, dès l'origine, des caractères un peu lâches et indécis : *species incertæ sedis*, elle devait posséder les caractères généraux des mammifères, mais sans exagération dans aucun sens ; ce devait être un type plantigrade, pentadactyle, à dentition omnivore, plutôt frugivore.

A un moment donné s'est manifestée une tendance
à la station verticale, tandis que la station primitive
était incontestablement la station horizontale quadru-
pède. Ce n'est point là, du reste, un fait isolé en biologie. Cette posture était, en effet, acquise déjà depuis
longtemps par les oiseaux qui en avaient hérité des
sauriens du secondaire. Nous la retrouvons, en outre,
chez divers mammifères : ours, castor, marmotte, écu-
reuil ; chez le kanguroo, la gerboise, cette station est,
en outre, facilitée par la béquille caudale. Dans la
plupart des cas, les membres antérieurs revêtent
alors plus ou moins sensiblement la forme de mains
et servent à la préhension.

Nous nous trouvons ainsi amené à une forme organique assez nettement tranchée : c'est le primate de
Linné, ancêtre des singes et de l'homme. La question
si controversée de savoir s'il y a eu filiation des premiers au second ou parallélisme d'évolution se présente ici.

A mon avis, la différence essentielle, capitale,
au point de vue morphologique, entre l'homme et le
singe réside dans l'appareil locomoteur. L'homme est
un bipède-bimane terrestre, le singe est un quadru-
mane grimpeur. Chez ce dernier, les pieds ont suivi,
dans une certaine mesure, l'évolution des membres
antérieurs et se sont transformés, sinon en véritables
mains, du moins, en un appareil préhenseur à orientation oblique pour pouvoir s'appliquer sur les
branches d'arbres ; ce qui fait qu'à terre il marche
plutôt sur le bord de la plante du pied que sur le plat.
Il y a donc de ce côté une évolution plus adaptative

que chez l'homme ; le pied de l'homme est resté plus attaché à sa fonction primitive que celui du singe. Il faut ajouter, en outre, le caractère d'allongement considérable des membres antérieurs, qui est également très favorable à la gymnastique arboricole des quadrumanes ; tandis, que chez l'homme, les mêmes membres ne sont appropriés qu'à la préhension.

Somme toute, notre ancêtre devait être un animal plus lourd, moins agile que le singe et peu apte à monter aux arbres, comme qui dirait *un singe terrestre* [1].

Cet aiguillage de la souche primitive, suivant deux voies différentes, devait conduire à deux avenirs absolument distincts. La faculté que possède le singe de se transporter rapidement à travers les arbres, de franchir les obstacles, soit pour éviter ses ennemis, soit pour rechercher sa nourriture, constitue pour lui un avantage énorme et trop considérable pour qu'il ait été tenté, en aucune façon, d'abandonner d'aussi précieuses prérogatives ; en conséquence, il est très vraisemblable que le type singe n'a jamais dû évoluer vers la forme humaine, lourde et terrestre : il a pu y avoir parallélisme d'évolution jusqu'à la formation des espèces anthropoïdes actuelles ; mais c'est tout [2].

---

[1] Le *Pithecanthropus erectus*, dont quelques fragments squelétiques ont été récemment découverts, à Java, par le Dr Dubois, semble bien correspondre à ces caractères organiques. Voir *Revue scientifique* du 7 mars 1896.

[2] S'il y avait réellement filiation, on devrait trouver dans le développement embryogénique de l'homme une phase simienne, et, d'autre part, cette même forme devrait réapparaître de temps à autre, par reminiscence ancestrale, dans les cas tératologiques. Je ne sache pas que pareils faits aient été observés.

Notre proche ancêtre, n'ayant point la ressource de fuir au plus haut des arbres, a dû chercher dans la course le moyen de se soustraire à la poursuite de ses adversaires ou de les saisir ; de là un développement considérable des membres postérieurs et leur adaptation définitive à la marche bipède, en même temps que les membres antérieurs revêtaient définitivement le caractère d'organes de préhension.

En même temps, par suite d'un balancement organique, cette sorte d'infériorité par rapport au singe, a dû être largement compensée par un accroissement incontestable de l'intelligence [1]. C'est ainsi que dans les races d'animaux que nous élevons autour de nous, les individus qui sont déshérités au point de vue des forces physiques, de la taille, les petits chiens, par exemple, sont beaucoup plus malicieux et entreprenants que les autres et savent se faire respecter quand même.

Tandis que les singes ont un naturel plutôt pacifique et enjoué, notre ancêtre, beaucoup plus intelligent, devait constamment être à la recherche de ruses et de machinations nouvelles pour triompher de ses adversaires ; ses mœurs sauvages devaient se rapprocher de celles des grands fauves. La préhistoire nous montre l'homme tout d'abord uniquement chasseur, n'enterrant pas ses morts, ce qui laisse à supposer qu'il pouvait bien être anthropophage ; ce n'est qu'à l'aurore de l'époque géologique actuelle qu'il s'est

---

[1] La capacité cranienne du *Pithecanthropus erectus* de Java est supérieure à celle des singes anthropoïdes et se rapproche de celle de l'homme. *Rev. sc., loc. cit.*

adonné à des occupations moins sanguinaires. L'étude des mœurs des peuplades encore non civilisées n'est pas moins édifiante.

La préoccupation si considérable que les peuples modernes accordent à leur armement et au perfectionnement de leurs moyens de destruction ; la guerre qui, depuis que l'homme existe, n'a sans doute jamais cessé un seul instant sur la surface totale de la Terre ; cet enivrement du chasseur qui le porte à tuer par plaisir, jusqu'à faire disparaitre complètement des espèces animales absolument inoffensives et jusqu'à compromettre ses propres intérêts commerciaux ; enfin ces abominables massacres qui, sous prétexte de divergence d'opinions ou de croyances, ensanglantent toute l'histoire, jusqu'à nos jours mêmes, massacres d'autant plus déplorables que ces opinions ou ces croyances, ne reposant en général sur aucune donnée scientifique, ne valent certainement pas mieux les unes que les autres ; tout cela ne laisse aucun doute sur le caractère primitif de sauvagerie meurtrière de notre ancêtre qui nous a nécessairement légué ses tendances. Comme ses descendants, il a dû être un grand massacreur, extrêmement redouté des créatures contemporaines.

Du reste, il faut bien reconnaître comme correctif que, si l'homme n'avait pas possédé à haut degré cet esprit de combativité, il ne serait jamais parvenu à triompher de la matière et à conquérir la science. L'évolution de la Nature se serait arrêtée, ce qui est inadmissible ; car la destinée de l'homme est aussi fatale que le mouvement des astres et n'est, en défini-

tive, qu'une partie intégrante de l'évolution du Monde
tout entier.

L'intelligence supérieure de notre ancêtre l'amena
tout naturellement à se servir d'objets naturels à sa
portée, comme armes de jet ou de percussion.
Remarquer que certains objets, certaines pierres, en
particulier, sont plus avantageuses que d'autres à cet
usage, les rechercher d'abord telles quelles, puis
s'efforcer de les imiter ou de les perfectionner artificiellement, constituent un enchaînement d'idées qui
nécessairement a dû se présenter à son entendement.

Et ainsi apparut le premier outil, outil de guerre
incontestablement, mais qui n'en était pas moins le
signe extérieur d'un grand événement biologique. Car
une phase évolutive nouvelle, jusqu'alors irréalisée,
va être atteinte, phase nouvelle intimement liée à
l'extériorisation de l'outil.

En effet, dans les créations antérieures, c'est la
forme organique qui seule avait été changée, modifiée, transformée de toutes les façons possibles par
l'intelligence organique, et il semblait bien difficile
qu'il pût surgir quelque chose de nouveau sur cet
ancien thème. Or, dans toutes ces transformations,
le système nerveux, le neurozoide, n'avait joué qu'un
rôle secondaire. C'est l'hématozoïde qui avait été,
pour ainsi dire, uniquement l'objet de ce pétrissage,
de cette plastique incessamment renouvelée, le neurozoïde ne suivant le mouvement que dans la mesure
du besoin. Et cela se conçoit, puisque, jusqu'ici, l'être
vivant et son outillage ne faisant qu'un, une modifi-

cation de l'outillage entraînait nécessairement celle de
l'organisme tout entier.

Mais, maintenant que l'outil est séparé de l'organisme, celui-ci n'a plus besoin de se transformer ; les
rôles vont se renverser : le thème nouveau, c'est
dès lors la prépondérance du neurozoïde, c'est le
triomphe du système nerveux, c'est l'avènement de la
pensée humaine. Désormais, l'hématozoïde va s'immobiliser dans une forme dernière qui ne subira
plus que des variations extrêmement lentes à travers
les âges : c'est la structure du corps humain, qui est
modelée pour servir d'instrument le plus parfait et le
plus docile au neurozoïde.

Tandis que le rameau des quadrumanes va se sub-
diviser en un grand nombre d'espèces, le rameau
humain présentera à peine quelques variations, assez
peu accusées, du reste, pour que beaucoup de naturalistes ne consentent à n'y voir que des races.

Par suite du balancement organique, la presque totalité de la puissance organisatrice de l'être humain se
reportera sur le neurozoïde qui va atteindre le plus
haut degré possible de perfection, et nous nous
expliquons ainsi la complication si prodigieuse de la
mécanique psychique chez l'homme. C'est que, maintenant, ce n'est plus le corps de l'homme qui devra se
modeler, se transformer selon les exigences du milieu,
mais c'est son intelligence, son outillage, son industrie [1].

---

[1] Les croyances antiques représentaient l'homme comme créé à
l'image de puissances sensées organisatrices du monde et ayant
elles-mêmes des caractères anthropomorphiques. La vérité est

Le rôle si considérable que le neurozoïde va maintenant jouer, rôle de dominateur sur l'hématozoïde, a fait croire, dans les anciens systèmes philosophiques, que l'homme était construit autrement que les animaux et possédait une âme d'une nature particulière. De là cette distinction de l'esprit et du corps qu'il faut traduire par : distinction entre le système nerveux central et le système organique, entre le neurozoïde et l'hématozoïde ; avec cette dernière rectification, le dualisme philosophique est conforme à la vérité.

Dans la mort, c'est généralement le système organique, l'hématozoïde, qui se désorganise le premier ; le neurozoïde, plus protégé, voit en toute connaissance la décadence de son coassocié, et souvent, cherchant à résister à l'idée d'être entraîné avec lui dans l'anéantissement, il se ressaisit à la chimère d'une survivance. Plus rarement, c'est le neurozoïde qui se détraque le premier (paralysie, idiotie, gâtisme) : l'intelligence humaine se vide peu à peu, il ne reste bientôt plus qu'une masse animale vivant à la manière des êtres inférieurs et qui attend inconsciemment la mort, la grande épuratrice.

Mais revenons à l'évolution humaine.

Pendant la période quaternaire, la supériorité de l'homme s'accuse de plus en plus ; son industrie, représentée d'abord par les silex éclatés puis par le travail de l'os, s'affine progressivement ; l'outillage se perfectionne et l'idée artistique naissante s'affirme

que l'homme, créateur par nature, pour expliquer l'ordre des choses, a imaginé des *virtualités créatrices*.

dans ces curieuses sculptures de l'époque magdalénienne.

Bientôt nous pénétrons dans la période actuelle et les progrès vont être moins lents ; le polissage de la pierre, la domestication des animaux, la culture des plantes, puis la découverte des métaux augmentent successivement la puissance humaine : plus l'acquit s'accroît et plus il tend à s'accroître encore ; on sait avec quelle rapidité le progrès marche de nos jours.

Tout d'abord ce sont des conquêtes utilitaires établissant la domination de l'homme sur la Nature ; et, nouvelle création envahissante, son industrie se répand sur toute la surface du globe.

Mais, souvent aussi, sa pensée se reporte sur la cause et la signification de tout ce qui l'entoure ; il se demande ce que peut bien être cette immensité étoilée qui le surplombe, cette terre sur laquelle il se meut, ces êtres vivants qui se pressent autour de lui, ce qu'il est lui-même ; car il porte en lui le germe de l'idée scientifique qui n'est que la forme parfaite de l'intelligence humaine. Cette idée est d'abord empyrique et obscurcie par d'étranges conceptions systématiques. Mais, peu à peu, elle se dégage, prend possession d'elle-même, devient précise et rigoureuse. Elle devient en même temps plus exigeante : il lui faut, à elle aussi, son outillage. Grâce à ces puissants auxiliaires, l'homme amplifie indéfiniment l'étendue et la sûreté de ses investigations ; il aperçoit la vérité des choses et parvient à justifier l'aphorisme de Spinosa :

« L'homme, c'est la Nature s'élevant enfin à la connaissance d'elle-même [1]. »

Et maintenant, jetons par la pensée un coup d'œil sur les mondes semés à travers l'espace infini. Beaucoup d'entre eux, sans doute, sont déjà entrés dans la phase biologique ; certaines planètes de notre système sont certainement dans ce cas. La vie y est apparue, la vie s'y est développée suivant les mêmes lois que sur notre Terre ; les mêmes grands embranchements y sont représentés, les formes secondaires seules peuvent offrir des adaptations différentes.

Nous pouvons donc avoir la conviction que l'eau, l'air et le sol y sont habités par des êtres rappelant ceux de notre époque actuelle ou ceux de nos époques antérieures. Si les conditions ont été aussi favorables que chez nous, les formes organiques à possibilités supérieures ont pu lentement évoluer ; nous pouvons donc penser qu'au moins sur quelques planètes il existe des êtres diplozoïques, des vertébrés. Il est logique de croire que, parmi ces derniers, un certain groupe ait parcouru un stade évolutif supérieur et se soit élevé jusqu'à l'indépendance de l'intelligence et de l'industrie. Alors un type humain est apparu. La Terre ne saurait avoir eu seule ce privilège et, de distance en distance, à travers l'espace, le même fait a dû se reproduire.

---

[1] L'aphorisme de Descartes : « Je pense, donc je suis » a été, sur notre planète, l'affirmation de l'ère nouvelle de la matière atteignant la forme scientifiquement consciente : la matière commence à avoir conscience d'elle-même et à se comprendre.

Ces humains sidéraux ont nécessairement évolue comme leurs confrères telluriques, préoccupés d'abord des besoins immédiats de la vie matérielle. Puis, plus tard, lorsqu'ils ont pu réunir un capital suffisant de travail accumulé et de moyens d'action, leur pensée s'est élevée au-dessus du terre à terre ; et il s'est trouvé parmi eux des individualités poursuivant d'une recherche opiniâtre la connaissance des choses de la Nature. Leur science s'est constituée peu à peu, et ils sont arrivés à se demander quel était leur rôle dans le grand tout. Ils ont été amenés à se convaince qu'ils n'étaient point seuls dans l'Univers et que, sur d'autres sphéroïdes analogues au leur devaient exister des êtres semblables à eux-mêmes, doués des mêmes facultés, possédant la même pensée.

Se sont-ils posé la question des communications intersidérales ? Sans doute, comme nous ; et ils en auront, comme nous, reconnu l'impossibilité pratique. Et, après tout, serait-ce bien utile ? Car j'imagine que, si la chose était possible, on n'aurait pas la prétention d'entretenir nos correspondants des mesquineries de la vie journalière ; cela ne devrait servir que pour converser sur les grandes découvertes et les grandes idées dont une humanité peut être fière. Or, ces grandes découvertes, ils les ont faites eux aussi ; ces grandes idées leur sont connues ; ils savent qu'à travers l'espace existent des centres intellectuels qui savent les mêmes choses qu'eux. Ou bien, si les deux humanités n'étaient pas arrivées au même degré de progrès, il leur serait impossible de se comprendre.

Toutefois, une conception nouvelle se dégage de ce

regard jeté sur la Nature extra-terrestre, c'est que, à travers l'espace infini, de distance en distance, apparaît cette forme supérieure de la machine vivante, l'être pensant et conscient. Cette sorte d'incérébration universelle, toujours semblable à elle-même, se manifeste dans la recherche de la vérité; partout, c'est la science s'acheminant progressivement à la compréhension du plan architectural de l'Univers. C'est la liaison des mondes au point de vue intellectuel, comme l'attraction universelle et la lumière en sont les liaisons physiques.

Comme l'homme et ses similaires sont le résultat de l'évolution supérieure de la matière cosmique, de la matière universelle, il faut en conclure qu'à un certain moment la matière s'élève jusqu'à la forme consciente, pensante :

La Science est la conscience de la Nature !

C'est là évidemment le couronnement du programme, couronnement qui, suivant toute vraisemblance, précède le retour au chaos par une conflagration universelle. Car la Nature est périodique; elle oscille de la forme homogène, continue, à la forme hétérogène, condensée, en partie organisée, vivante, consciente, pensante, et vice versà. Elle est actuellement dans la première période, la seule, d'ailleurs, que nous puissions connaître par l'observation.

Le plan architectural du Monde n'est pas le fait d'une volonté extra-matérielle, il est immanent dans la matière, nécessaire, fatal. Du moment que la matière existe à un instant donné, elle est éternelle; car, comme l'a défini Laplace, le Monde d'un instant est la conséquence du Monde de l'instant précédent et la cause du Monde de l'instant qui suit, et cette sorte de relation différentielle est vraie à n'importe quel moment du temps.

Du moment que la matière existe, il faut bien qu'elle soit d'une certaine façon, invariable et immuable en principe, muable et variable en forme ; et cette certaine façon d'être, c'est précisément le plan architectural du Monde. Ce plan architectural n'est, en définitive, que la hiérarchisation naturelle et spontanée, que la *self-coordination* de toutes les formes de mouvements compatibles avec les deux principes de la conservation de la matière et de la conservation de l'énergie. Dans ses oscillations pendulaires de l'homogène à l'hétérogène et réciproquement, la Nature repasse nécessairement par les mêmes phases et, à quelques variantes près de combinaisons astronomiques, physico-chimiques et biologiques, elle présente périodiquement les mêmes aspects généraux.

La périodicité de la vie universelle vient nécessairement cadrer avec celle de l'ensemble.

CHAPITRE XII

La Nature est périodique.

L'avenir de l'Univers nous est inconnu. Ce n'est pas que des systèmes explicatifs divers n'aient été proposés. Je n'en retiendrai qu'un seul, c'est celui qui a été indiqué d'abord par William Thomson et développé ensuite par Helmholtz[1].

Le point de départ de cette théorie est la remarque suivante : le mouvement tend toujours à se détruire de lui-même et à se convertir en chaleur et le retour à l'état d'énergie sensible de la chaleur, ainsi développée, ne peut jamais s'effectuer d'une manière complète ; c'est ce qui résulte de l'application du principe de Carnot. L'énergie calorifique de l'Univers n'est donc pas susceptible de produire indéfiniment de l'énergie sensible et, comme l'énergie sensible actuellement existante se transforme sans cesse en énergie calorifique, il arrivera nécessairement un état d'équilibre où cette dernière existera seule. La matière marcherait donc vers un état d'équilibre définitif de température et vers une ère de repos absolu.

On ne peut nier que cette théorie n'ait pour elle une certaine vraisemblance, malgré les objections

----

[1] *OEuvres de Verdet*, t. VII, p. 164.

qu'on lui ait opposées. Toutefois, à mon avis, elle est incomplète en ce sens qu'elle ne tient pas compte des divers états de la matière et, notamment, de l'état de matière libre, primitive, état désigné sous le nom d'éther; et nous savons que, pour cet état, le principe de Carnot ne s'applique plus.

Il est incontestable que l'éther doit jouer un rôle de premier ordre dans la question. Vraisemblablement, ce rôle se traduit par une des plus grandioses manifestations de la Nature, par l'attraction universelle.

Il ne fait de doute pour personne que le milieu n'intervienne dans les phénomènes d'attraction; et de nombreuses recherches théoriques et expérimentales ont été poursuivies pour démontrer que l'attraction est due à des mouvements vibratoires d'ordre particulaire, partagés par le milieu et par les corps qui y sont plongés.

C'est dans l'existence de ce mouvement particulaire qu'il faut chercher l'explication de ce qu'on appelle l'énergie de position. Quand on soulève un poids, on augmente son énergie de position; en réalité, on modifie les mouvements particulaires de la Terre, du poids et de l'éther ambiant. Quand un corps tombe, le mouvement gravifique particulaire se transforme en mouvement sensible, comme la vibration calorifique de la vapeur se transforme en propulsion du piston dans nos moteurs.

D'où provient ce mouvement qui intéresse les particules les plus infinitésimales de la matière, aussi bien à l'état libre qu'à l'état condensé ? C'est là une première inconnue de la question. Mais il en existe une autre : que devient cette prodigieuse quantité de force vive déversée incessamment dans l'espace sous forme de rayonnement par tous les corps célestes ?

Le rapprochement de ces deux inconnues ne rappelle-t-il pas celui que nous avons déjà rencontré à propos de la vie : d'où vient la vie, et où aboutissent les globes électriques ? N'y aurait-il pas également entre elles une corrélation ?

En particulier, la quantité d'énergie que la Terre et les autres planètes reçoivent du soleil est absolument insignifiante vis-à-vis de celle qui se déperd dans l'espace infini ; et, d'autre part, les planètes n'ont pas plutôt reçu cette minime quantité d'énergie qu'elles s'empressent de la rayonner à leur tour dans l'espace. Comme, d'autre part, rien ne se perd, il faut donc, de toute nécessité, que cette énergie diffusée soit absorbée par le milieu infini ; comme le milieu, l'éther libre, semble incapable de s'échauffer, que les corps qui errent dans l'espace semblent se refroidir progressivement jusqu'au zéro absolu, il faut donc que l'énergie dispersée soit récupérée actuellement sous une autre forme que la chaleur. L'état dynamique du milieu doit donc se modifier incessamment ; mais le milieu réagit à son tour sur les masses condensées, leur communique à chaque instant son excès de force vive de façon à être constamment en équilibre avec elles et, par conséquent, la force vive insensible de ces masses doit s'accroître incessamment sous la forme d'une vibration extra-infinitésimale intéressant les dernières particules de la matière primordiale dont elles sont composées. Cet accroissement de force vive intestine doit nécessairement augmenter leurs réactions réciproques. En particulier, si nous considérons deux masses condensées égales chacune à l'unité et situées à l'unité de distance, leur force d'attraction, qui n'est autre chose que la constante de la gravitation, doit aller incessamment en augmentant.

Par quel mécanisme s'opère cette transformation ? Il est bien difficile de le dire dans l'absence de documents précis. Il est présumable que lorsque les ondulations parties d'un centre de rayonnement sont tombées, à cause de la distance parcourue, à un degré d'intensité extrêmement faible, elles sont absorbées intégralement par le milieu. S'il en était ainsi, l'étendue de l'espace explorable même avec les plus gigantesques condensateurs, lunettes ou télescopes, serait limitée.

Cette conception d'un accroissement continu de la constante de la gravitation n'est point en opposition avec nos connaissances en astronomie. Elle permet, au contraire, d'expliquer la transformation progressive de la matière cosmique. A l'origine, il est vraisemblable que l'immensité n'était peuplée que de nébuleuses qui se touchaient; pour mieux dire, il n'y avait qu'une nébuleuse infinie ; et alors la constante de la gravitation devait être nulle. Peu à peu, des délinéaments de segmentations ont pris naissance, une tendance à la concentration s'est déclarée, la condensation de la matière cosmique a déterminé des

centres d'attraction, la gravitation est apparue progressivement et, avec elle, les mouvements divers
des corps célestes.

Les déterminations précises de la constante de gravitation ne datent que de nos jours, et il est impossible
d'apprécier ses variations qui, du reste, ne sauraient
être que d'une extrême lenteur.

Si nous cherchons actuellement à établir le bilan de
l'énergie qui anime l'Univers, nous voyons que cette
énergie peut se diviser en trois parts :

1° L'énergie potentielle des masses en voie de condensation et de refroidissement, énergie qui se libère
incessamment par le rayonnement ;

2° L'énergie dynamique des mêmes masses due à
leurs mouvements divers, rotation, translation, etc. ;

3° L'énergie gravifique localisée dans la matière
tout entière, aussi bien libre que condensée, et qui
se traduit par l'attraction.

Comme la première part diminue constamment, il
faut donc que les deux autres augmentent d'autant,
pour que la balance ait lieu.

Or, il n'est pas vraisemblable que la perte d'énergie
des corps célestes par rayonnement soit compensée
par un accroissement correspondant de leur force vive
sensible. S'il en était ainsi, leur mouvement s'accroî-
trait très vite, ce qui n'est pas conforme à l'observation ; si, d'un autre côté, ce mouvement s'accroît très
lentement, ce ne peut être que par suite d'une augmentation de la gravitation ; et, de toute façon, nous

sommes amenés à conclure à cette augmentation, puisqu'ainsi elle reste seule en cause.

C'est donc, en définitive, la gravitation qui absorbe et accumule l'énergie perdue par le rayonnement. De quelque façon qu'on envisage la question, il est impossible d'éviter cette conclusion : les corps s'attirent parce qu'ils rayonnent et parce que ce qu'ils perdent par rayonnement leur est restitué sous une autre forme. Le budget de la Nature est toujours en équilibre.

Considérons, en particulier, notre système solaire. Au bout d'un temps suffisamment grand, nous pouvons imaginer par la pensée que le soleil soit éteint, que la température de tous les sphéroïdes qui le composent soit descendue au zéro absolu et que leur énergie potentielle soit intégralement dissipée. Un pareil état de choses devra nécessairement aboutir à une catastrophe.

En raison de l'accroissement continu de la gravitation, les planètes auront dû décrire autour de l'astre central non des ellipses, mais des spirales se rapprochant de plus en plus de ce centre. Finalement, elles se rencontreront et ce sera là le summum de la concentration de la matière comique primitive : rassemblement de la masse tout entière de la nébuleuse primitive en son centre. Mais ce sera aussi la fin de cette première période. Car, rien que la transformation en chaleur de leur énergie mécanique par le choc sera de nature à volatiliser les masses rencontrées.

Mais ce n'est pas tout. L'énergie du mouvement

gravifique dont les particules infinitésimales de ces masses seront animées sera si grande qu'elle devra représenter approximativement l'énergie primitive de la nébuleuse; elle sera, même avant la chute finale, de nature à compromettre à chaque instant la stabilité des agrégats chimiques, et quand le choc aura lieu, les planètes feront explosion à la manière de bombes de dynamite dont l'amorce vient d'éclater. Les corps chimiques, composés ou simples, seront désagrégés et la matière planétaire et solaire distendue sera ramenée vers sa forme et ses dimensions primitives ; en même temps, la constante de la gravitation tendra vers zéro.

Ainsi, c'est la gravitation qui tient en réserve et restituera sous sa forme première à la matière condensée l'énergie qu'elle a perdue successivement par la formation des atomes des corps simples, par celle des molécules des corps composés, par les passages physiques progressifs aux états gazeux, liquide et solide, enfin par la concentration depuis l'état de nébuleuse jusqu'à la forme de sphéroïdes compactes et par le refroidissement.

Supposons par la pensée que ce nuage de matière volatilisée soit momentanément enveloppé par une surface imperméable au mouvement gravifique venu du dehors. Dans ces conditions, la catastrophe pourrait n'être que locale et la destruction s'arrêter là. Mais une pareille enveloppe n'existe pas et, comme l'intensité du mouvement gravifique à l'extérieur possède encore toute sa valeur, tandis que, dans notre nuage cosmique, elle est devenue nulle ou à peu près, l'énergie du monde infini va venir se ruer avec cette effroyable vitesse de la gravitation sur notre malheureuse nébuleuse et achever sa dislocation, en même temps qu'elle va la distendre au-delà de toute limite. Mais alors cette vapeur distendue pénétrera dans les constellations voisines et précipitera léur ruine à leur tour ; car, si peu que l'espace devienne résistant, le mouvement des astres devient impossible. Ils feront explosion eux-mêmes et la conflagration gagnera de proche en proche.

Mais il y a plus encore. Lorsqu'un système solaire comme le nôtre sera parvenu au terme de son évolution, il n'est pas douteux qu'une infinité d'autres systèmes solaires et stellaires ne soient dans le même cas. Comme terme de comparaison, je citerai l'exemple des bambous dans l'Inde. Ces géants de graminées ne fleurissent que lorsqu'ils ont atteint un développement considérable, ce qui demande environ une trentaine d'années. Or, ce qu'il y a de stupéfiant dans cette floraison, c'est que le jour où l'on voit un bambou fleurir, parcourrait-on l'Inde tout entière, on trouvera partout tous les bambous en fleurs ; il semble qu'ils se soient donné le mot. La vérité est que, nés à une même époque et ayant subi les mêmes influences météorologiques, ils atteignent leur finalité en même temps.

De même, il est vraisemblable que le Monde infini est partout et toujours synchrone avec lui-même, et que l'heure de la ruine sonnera en même temps sur un nombre immense de points à la fois. C'est qu'en effet la prodigieuse vitesse du mouvement gravifique est bien faite pour solidariser et synchroniser toutes les masses errant à travers l'espace.

La détente de l'énergie gravifique, accumulée pendant la période antérieure, ramènera l'espace à être partout plein d'une matière homogène à température uniforme et dans laquelle tous les mouvements seront éteints, et l'attraction abolie ; et nous voilà ainsi ramenés à la conclusion prévue dans la théorie Thompson-Helmholtz, théorie qui se trouve complétée et rendue plus acceptable par l'introduction du rôle attribué à l'éther. En définitive, le résultat final sera le même, mais la matière l'atteindra non pas sous sa forme ultime, hétérogène, en partie condensée, mais sous sa forme initiale de matière libre, continue, homogène.

Si, après la conflagration universelle, l'homogénéité était absolument parfaite, il n'y a pas de doute qu'un pareil état de chose constituerait un équilibre durable et que le repos absolu devrait désormais régner. Mais il ne saurait en être ainsi ; car il est vraisemblable que, de ci, de là, dans l'espace infini se rencontreront quelques résidus, tant faibles qu'on voudra, des anciens mondes disparus, par exemple, quelques plages où la densité cosmique pourra différer un tant soit peu du reste. Cela suffira pour rompre l'équilibre et servir d'amorce au développement d'une nouvelle période.

La tendance à la condensation réapparaîtra ; avec elle, le rayonnement et la gravitation. Il se formera d'abord des mouvements de brassement d'énorme amplitude. La forme tourbillonnaire en anneau se

montrera par intervalle ; c'est à elle qu'est due la voie
lactée à laquelle nous appartenons. Les nébuleuses
annulaires ou elliptiques de la Lyre, du Cygne, du
Scorpion, etc., n'ont pas d'autre origine. Le tourbillonnement cyclonien se révèle également dans les
nébuleuses spirales des Chiens de chasse, du Triangle,
de la Grande-Ourse, de Céphée, etc. ; dans ces trainées
d'étoiles qui semblent être la projection sur la voûte
céleste d'une queue de trombe, en différents points
de la Voie lactée, de l'amas stellaire d'Hercule, de
l'amas de la Licorne, etc.

Il se pourrait ainsi que la configuration actuelle de la
matière stellaire ait été déterminée en partie par
l'ordre des choses dans la période précédente ; lors de
la destruction, quelques délinéaments ont pu subsister qui, comme des réminiscences lointaines du passé,
ont servi de germe à la nouvelle distribution. C'est ce
qui expliquerait comment la répartition de la matière
dans l'espace offre une aussi grande variété.

L'œuvre de la condensation, une fois commencée,
se poursuivra dans les détails ; les grandes masses
nébuleuses se concentreront de plus en plus et formeront les systèmes stellaires, solaires et planétaires.
Ce n'est pas autrement que l'état actuel des choses a
été atteint.

En définitive, si nous laissons de côté quelques
questions évolutives d'ordre secondaire qui s'expliquent, du reste, par une sorte d'atavisme, nous
pouvons dire que, dans le passage d'une période à
une autre, une partie quelconque de l'Univers aura
réagi sur les autres et que les échanges auront été

équivalents. Si nous découpons, dans l'espace infini, une sphère suffisamment grande, ayant, par exemple, pour rayon la distance maxima de visibilité, tout se sera passé dans ce volume comme dans une autre sphère prise dans n'importe quelle autre direction. Un recoin quelconque de l'Univers est l'image du reste ; dans chacune de ces sphères, la quantité de matière et la quantité d'énergie qui l'anime sont les mêmes. En définitive, matière et énergie restent sensiblement en place, leur modalité de distribution varie seule. Il suffira donc d'étudier l'évolution dans le volume considéré qui est à notre portée.

Au début de la période, la matière est homogène et l'énergie uniformément distribuée sous forme de chaleur, puis l'hétérogénéité succède avec l'apparition de la gravité, avec la condensation progressive, avec la genèse des corps simples et de leurs combinaisons variées, avec la formation des sphéroïdes stellaires. Partout les choses se passent de même, et le Monde, toujours synchrone avec lui-même, a partout le même âge mesuré, à chaque instant, par la valeur de la constante de la gravitation. Tout ce que nous voyons dans l'immensité est né en même temps, évolue suivant les mêmes lois et se détruira à la même heure. C'est pour cela que de tous les points du ciel nous voyons la matière cosmique dans la même période de condensation, et que nulle part nous ne voyons la transformation inverse.

Le rôle de l'attraction universelle, dans cette alternance d'activité et de rénovation de la matière, nous apparaît sous un jour nouveau. La gravitation devient l'élément pondérateur, indispensable à l'harmonie de la Nature; elle joue successivement le rôle d'un accumulateur et d'un transformateur.

C'est dans cette période de rayonnement et de condensation progressive qui est, sans aucun doute, incomparablement plus longue que la période de rénovation, que des mouvements secondaires, comme le mouvement magnétique et le mouvement vital, peuvent prendre naissance et trouver les conditions propices à leur développement.

Le mouvement magnétique, inévoluable, restera cantonné dans un certain nombre de manifestations d'ordre purement physique. Le mouvement vital, doué d'une élasticité infiniment plus grande, engendrera toutes les merveilles de la biologie.

Et maintenant, terminons. Puisque l'Univers est partout synchrone à lui-même et que le plan architectural est le même partout, il est vraisemblable qu'en ce moment même, à travers l'espace infini, des humains stellaires pensent ma propre pensée. A ceux-là j'adresse un salut fraternel ; car la pensée humaine, émanation supérieure de la matière infinie, ne saurait admettre d'autre domaine que l'infini !

TABLE DES MATIERES

	Pages
Avant-Propos	5
Chapitre Ier. — Introduction	7
Chapitre II. — Hypothèses relatives à la vie	12
Chapitre III. — La mort et l'énergie de vitalité	22
Méthode du refroidissement	25
Animaux à sang chaud	25
— — froid	52
Méthode thermo-électrique	53
— calorimétrique	55
Comparaison de l'être vivant avec la machine à vapeur	57
Signification véritable du règne végétal	65
Diverses formes de restitution de l'énergie de vitalité	69
Emmagasinement de l'énergie de vitalité	72
Considérations philosophiques	74
Chapitre IV. — La vie est un mouvement de l'éther	81
Chapitre V. — Les analogies des mouvements	97
Analogie avec les mouvements tourbillonnaires	102
— — le magnétisme	106
— — l'électricité	125
— — les mouvements de rotation	127
— — les mouvements des corps célestes	129
Résumé et conclusions	130
Chapitre VI. — Origine du mouvement vital. Période physique	135

Chapitre VII. — Origine du mouvement vital. Période chimico-biologique. Formation du protoplasme. 174

Chapitre VIII. — Propriétés de la matière vivante. Les manifestations vitales. 184
    Échanges avec le milieu 184
    Production du mouvement. 188
    Transmission nerveuse et travail nerveux. 202
    Chaleur 207
    Électricité 210
    Lumière 212
    Sécrétion. 216

Chapitre IX. — Propriétés de la matière vivante (suite). La cellule et l'organisme 220
    L'Évolution. 233
    L'Unité dans l'organisme. 240
    La reproduction 242
    Le cycle évolutif de l'être vivant 247

Chapitre X. — Propriétés de la matière vivante (suite). Cause de la segmentation des vortex 254

Chapitre XI. — La vie universelle 260
    Les embranchements et leurs subdvisions. 260
    Origine des vertébrés. 270
    Origine et rôle de l'homme. 278

Chapitre XII. — La Nature est périodique. 297

www.ingramcontent.com/pod-product-compliance
Lightning Source LLC
LaVergne TN
LVHW050212030726
842520LV00002B/489